Viet Hung Vu
Marc Thomas

Analyse modale opérationnelle des structures non stationnaires

Viet Hung Vu
Marc Thomas

Analyse modale opérationnelle des structures non stationnaires

Presses Académiques Francophones

Mentions légales / Imprint (applicable pour l'Allemagne seulement / only for Germany)
Information bibliographique publiée par la Deutsche Nationalbibliothek: La Deutsche Nationalbibliothek inscrit cette publication à la Deutsche Nationalbibliografie; des données bibliographiques détaillées sont disponibles sur internet à l'adresse http://dnb.d-nb.de.
Toutes marques et noms de produits mentionnés dans ce livre demeurent sous la protection des marques, des marques déposées et des brevets, et sont des marques ou des marques déposées de leurs détenteurs respectifs. L'utilisation des marques, noms de produits, noms communs, noms commerciaux, descriptions de produits, etc, même sans qu'ils soient mentionnés de façon particulière dans ce livre ne signifie en aucune façon que ces noms peuvent être utilisés sans restriction à l'égard de la législation pour la protection des marques et des marques déposées et pourraient donc être utilisés par quiconque.

Photo de la couverture: www.ingimage.com

Editeur: Presses Académiques Francophones est une marque déposée de
Südwestdeutscher Verlag für Hochschulschriften GmbH & Co. KG
Heinrich-Böcking-Str. 6-8, 66121 Sarrebruck, Allemagne
Téléphone +49 681 37 20 271-1, Fax +49 681 37 20 271-0
Email: info@presses-academiques.com

Produit en Allemagne:
Schaltungsdienst Lange o.H.G., Berlin
Books on Demand GmbH, Norderstedt
Reha GmbH, Saarbrücken
Amazon Distribution GmbH, Leipzig
ISBN: 978-3-8381-8944-4

Imprint (only for USA, GB)
Bibliographic information published by the Deutsche Nationalbibliothek: The Deutsche Nationalbibliothek lists this publication in the Deutsche Nationalbibliografie; detailed bibliographic data are available in the Internet at http://dnb.d-nb.de.
Any brand names and product names mentioned in this book are subject to trademark, brand or patent protection and are trademarks or registered trademarks of their respective holders. The use of brand names, product names, common names, trade names, product descriptions etc. even without a particular marking in this works is in no way to be construed to mean that such names may be regarded as unrestricted in respect of trademark and brand protection legislation and could thus be used by anyone.

Cover image: www.ingimage.com

Publisher: Presses Académiques Francophones is an imprint of the publishing house
Südwestdeutscher Verlag für Hochschulschriften GmbH & Co. KG
Heinrich-Böcking-Str. 6-8, 66121 Saarbrücken, Germany
Phone +49 681 37 20 271-1, Fax +49 681 37 20 271-0
Email: info@presses-academiques.com

Printed in the U.S.A.
Printed in the U.K. by (see last page)
ISBN: 978-3-8381-8944-4

ÉCOLE DE TECHNOLOGIE SUPÉRIEURE
UNIVERSITÉ DU QUÉBEC

THÈSE PAR ARTICLES PRÉSENTÉE À
L'ÉCOLE DE TECHNOLOGIE SUPÉRIEURE

COMME EXIGENCE PARTIELLE
À L'OBTENTION DE DIPLÔME
DOCTORAT EN GÉNIE
Ph.D

PAR
Viet-Hung VU

ANALYSE MODALE OPÉRATIONNELLE DES STRUCTURES NON
STATIONNAIRES

MONTRÉAL, LE 10 NOVEMBRE 2010

À cette belle vie et à notre belle Terre!

« Vibration est une source de la vie… »

REMERCIEMENTS

En tout premier lieu au fond de mon cœur, aucun mot n'est suffisant pour exprimer mon remerciement à mon directeur de recherche, le professeur Thomas Marc, qui m'a ouvert la porte pour venir au Canada, en acceptant de m'encadrer pour ma thèse dans son équipe et de me financer tout au long de mes études. Je lui suis aussi profondément reconnaissant pour sa direction attentive et académique, pour ses connaissances scientifiques et, absolument indispensable, pour sa gentillesse et amitié.

Je tiens à remercier sincèrement l'école de technologie supérieure et le département de génie mécanique, avec tous leurs personnels et services, qui m'ont accueilli dans un environnement excellent d'études et de recherche. Dans la liste inexhaustible, j'aimerais remercier les techniciens du département de génie mécanique, Serge Plamondon, Alain Grimard et Olivier Bouthot pour leur soutien technique et matériel.

J'apprécie et remercie chaleureusement par l'intermédiaire de mon directeur, l'institut de recherche d'Hydro Québec (IREQ) et le conseil national de recherche scientifique du canada (CNRC) pour leur soutien financier et leur collaboration.

Mes remerciements vont également à tous mes collègues, amis et stagiaires dans notre équipe de recherche DYNAMO, pour les échanges et supports.

Qu'il me soit enfin permis de remercier toute ma famille et mon épouse Van-Anh, ma thèse leur est dédiée pour leur amour et leur soutien constant.

ANALYSE MODALE OPÉRATIONNELLE DES STRUCTURES NON STATIONNAIRES

Viet-Hung VU

RÉSUMÉ

L'objectif principal de l'étude est de développer un logiciel d'analyse modale automatique qui fonctionne sur une machine en opération à partir de la connaissance des réponses vibratoires seulement. L'application envisagée est l'analyse modale des turbines hydrauliques immergées et excitées par un écoulement turbulent, en vue de déterminer les masses et amortissement ajoutés, en vue de déterminer les contraintes dynamiques dues à l'amplification du système vibratoire. Cette thèse présente donc une recherche sur l'analyse modale des machines ou structures en opération, par utilisation d'un modèle autorégressif. Comme ce type de système mécanique peut être instationnaire, avec des paramètres physiques variant dans le temps, une nouvelle méthode de suivi dans le temps et de surveillance en ligne des paramètres modaux a été développée et introduite dans un logiciel de suivi des fréquences et amortissement de systèmes instationnaires en opération. Pour atteindre ces objectifs, il a fallu développer des outils originaux pour déterminer l'ordre minimum requis pour l'analyse modale et ainsi déterminer le nombre de fréquences naturelles présentes dans une gamme donnée de fréquences, pour mettre à jour la solution du modèle ordre par ordre, pour déterminer les incertitudes des paramètres modaux identifiés et pour classifier et extraire les modes. La thèse est organisée par articles, quatre articles sont présentés.

Le premier article, accepté pour publication dans le journal Mechanical Systems and Signal Processing (MSSP) consiste à déterminer un ordre minimum qui permette de révéler toutes les fréquences comprises dans un spectre, de mettre à jour la solution selon l'ordre du modèle à l'aide d'un facteur de signal sur bruit et enfin de déterminer les incertitudes des paramètres modaux identifiés.

Le deuxième article, envoyé au Journal of Sound and Vibration (JSV), présente une technique pour la classification des fréquences et leur identification dans le domaine fréquentiel à partir des spectres vibratoires. Un index nommé le signal sur bruit modal amorti (Damped Modal Signal to Noise DMSN) est construit à partir des composantes déterministes et stochastiques du signal. Cet index classifie automatiquement les paramètres modaux dans un ordre de DMSN décroissant afin de mieux les identifier. Le nombre de ces fréquences est déterminé par un changement significatif de la courbe DMSN. Les spectres vibratoires représentants ces fréquences sont amplifiées pour mieux représenter tous les pics de façon lisse et équilibrée.

La combinaison de ces deux articles nous a permis de développer un logiciel qui s'appelle MODALAR et qui effectue des analyses modales sans avoir besoin de la connaissance des excitations, même en milieu bruité, à partir de la mesure simultanée des réponses vibratoires en plusieurs endroits de la structure.

Le troisième article, accepté pour publication dans le livre Vibration and Structural Acoustics Analysis qui sera publié en 2010 par Springer, présente un processus qui permet d'étudier le comportement vibratoire de modèles variant dans le temps, par la technique des fenêtres glissantes. Les paramètres du modèle sont gardés constants dans chaque fenêtre et la solution est mise à jour selon l'ordre pour trouver un ordre minimum afin d'identifier les paramètres modaux. La longueur de la fenêtre doit être établie à au moins quatre fois la plus grande période de vibration pour que tous les modes soient compris dans le signal temporel.

Le quatrième article, publié sur la Revue sur l'ingénierie des risques industriels (JI-IRI), présente un logiciel pour la surveillance modale dans le temps. La solution autorégressive est mise à jour selon deux dimensions, soit : le temps et l'ordre du modèle. Un algorithme de décomposition QR est développé dans lequel on n'a besoin de manipuler qu'une partie de la matrice R pour avoir la solution mise à jour. Le résultat est un algorithme autorégressif qui évolue selon une fenêtre à court terme ('*Short Time AutoRegressive, STAR*') et qui peut être applicable dans un système de maintenance par surveillance vibratoire des systèmes non stationnaires.

Mots clés : Vibrations, Analyse modale opérationnelle, Non-stationnaire, Autorégressive multiple, Mise à jour décomposition QR, Ordre optimal, Sélection des modes, Masse et amortissement ajoutés.

OPERATIONAL MODAL ANALYSIS ON NON STATIONARY STRUCTURES

Viet-Hung VU

ABSTRACT

The main objective of this research is the development of automatic modal analysis software which can be applied on a machine in operation with only the output vibratory responses. Prospective applications are found on modal analysis of submerged hydraulic turbines excited by turbulent flows in order to determine the added masses and damping in order to compute the effect on dynamical stresses due to the vibration amplification. This thesis thus presents a research on structural and machinery modal analysis in operation by using an autoregressive model. It is seen that such applications can be non stationary with time-varying physical properties; a new method for the modal surveillance in the time is developed and introduced in software for the online modal monitoring. To reach the objectives, some original aspects have been developed such as the determination of a minimum required model order, the updating of the model with respect to the model order, the classification and determination of physical modes in a frequency range, the calculation of the uncertainties of the modal parameters and hence the selection of computational order.

The thesis is organised by four articles, presented as follows:

The first paper has been accepted for publication in the Journal Mechanical systems and Signal Processing (MSSP). It consists in determining a minimum model order from which are revealed all the available frequencies for the operational modal analysis via introduction of a global signal to noise ratio. To do so, the model has been updated with respect to model order and the uncertainties of modal parameters are computed.

The second paper, submitted to the Journal of Sound and Vibration (JSV), presents a technique for the classification of modes and frequencies in order to determine the number of physical modes. An index called Damped Modal Signal to Noise ratio (DMSN) has been constructed from the modal determinist and stochastic components of the modes. This factor classifies automatically the modes and corresponding modal parameters in an increasing order and the number of physical modes is found at the significant change of the curve. Furthermore, once the physical modes and modal parameters are identified, the participating modal spectra are amplified by a factor to provide a balanced, smooth frequency presentation where all available peaks are dominated.

The combination of these two papers has allowed us the development of software named MODALAR which performs the modal analysis without knowing of the excitations, even in noisy condition by manipulating simultaneously the output responses of multi-sensors on the structure.

The third paper has been accepted for the publication in the book Vibration and Structural Acoustics Analysis which will be available in 2010 by Springer. It presents a procedure allowing the study of the vibration behaviour in the time domain by the technique ''sliding windows''. Model parameters are kept constant inside each window and the solution is updated with respect to model order for the selection of a minimum order and then the identification of modal parameters. The window length is assumed to be at least four times of the longest natural period in order to exhibit all available frequencies in the signal.

The fourth paper has been published in the Journal of engineering on industrial risk assessments (JI-IRI) to present software for the modal monitoring in the time domain. The autoregressive solution is updated with respect to both dimensions: time and model order. A new algorithm with QR factorization is developed where only an R submatrix needs to be manipulated to produce the updated least squares solution. These results in a technique called Short Time AutoRegressive (STAR) which can be applied on the monitoring of the vibrations in non stationary machines or systems.

Keywords: Vibrations, Operational modal analysis, Non-stationary, Multivariable autoregressive, QR factorization updating, Optimal order, Modes selection, Added mass and damping.

TABLE DES MATIÈRES

LISTE DES TABLEAUX

Page

LISTE DES FIGURES

Page

LISTE DES ABRÉVIATIONS, SIGLES ET ACRONYMES

AIC	Akaike information criterion
AM	Average modal amplitude
AR	AutoRegressive method
ARMA	AutoRegressive Moving Average method
DMSN	Damped modal signal to noise ratio
FPE	Final prediction error
FRF	Frequency response function
ITD	Ibrahim time domain
IV(E)	Instrumental variable (estimate)
LSCE	Least square complex exponential
(M)AR(X)(V)	(Multi) Autoregressive (exogenous) (vector)
MCF	Modal confidence factor
MDL	Maximum description length
ML(E)	Maximum likelihood (estimate)
MP	Modal power
MSN	Modal signal to noise ratio
MV	Modal variance
NOF	Noise-rate order factor
NSR	Noise to signal ratio
(O)MAC	(Order) modal assurance criterion
PDF	Power density function
PEM	Prediction error method
PSD	Power spectral density
QR	Factorization QR
rsm	Root mean square
STAR	Short time autoregressive
STFT	Short time Fourier transform
SSI-COV	Subspace identification-Covariance

DOF   Degree of freedom

std   Standard derivation

(V)AR(MA) (Vector) Autoregressive (moving average)

LISTE DES SYMBOLES ET UNITÉS DE MESURE

$\mathbf{A}_i$	Matrix of parameters relating the output $\mathbf{y}(t-i)$ to $\mathbf{y}(t)$
$\mathbf{c}_i$	Modal participant matrix of ith eigenvalue
d	Dimension or number of sensors
$\mathbf{d}_i$	Spectral participant matrix of ith eigenvalue
$\hat{\mathbf{D}}$	Estimated covariance matrix of the deterministic part
e	Euler's number
$\mathbf{e}(t)$	The residual vector of all output channels
$\hat{\mathbf{E}}$	Estimated covariance matrix of the error part
f_i	Natural frequency
$\mathbf{G}_{1,2}$	Two Givens rotation matrices set
$h(\mathbf{\Lambda})$	Real function on model parameters
$\mathbf{I}$	Unity matrix
j	Imaginary unit
$\mathbf{J}_{i,j}$	Givens rotation matrix
k	Sample index
$\mathbf{K}$	Data matrix
$\mathbf{K}_{1,2}$	Subdivided data matrices
$\mathbf{K}^*$	Added data columns matrix
$\mathbf{l}_i$	Complex modal vector
$\mathbf{L}$	Complex eigenvectors matrix
n	Number of physical (deterministic) modes
N	Number of available data samples
p	Model order
p_{eff}	Efficient (minimum required) model order
$\mathbf{P}(\omega)$	Power spectral matrix
$\mathbf{Q}$	Orthogonal factor matrix of the QR factorization

$\mathbf{Q}_T$	Q factor of the order updating factorization
$\mathbf{R}$	Upper-diagonal factor matrix of the QR factorization
$\mathbf{R}_T$	R factor of the order updating factorization
$\mathbf{R}_{ij}$	Submatrices of $\mathbf{R}$
$\mathbf{s}$	Vector of modal scale factors
$\mathbf{S}$	Inverse matrix of $\mathbf{L}$
$\mathbf{S}_{ij}$	Submatrices of matrix $\mathbf{L}^{-1}$
t	Time index
T_s	Sampling period
$\mathbf{T}_{1,2}$	R factor corresponding to added data
u_i	Discrete complex eigenvalue
$\mathbf{U}$	Data moment matrix
$\mathbf{y}(t-i)$	The output vector with time delay $i \times T_s$
$\mathbf{Y}(z)$	Z-transform of output vector
$\mathbf{z}(t)$	The regressor for the output vector $\mathbf{y}(t)$
ζ_i	Damping ratio
θ	Imaginary part of the continuous eigenvalue
λ_i	Continuous complex eigenvalue
$\mathbf{\Lambda}$	Model parameters matrix
π	Pi number
σ	Real part of the continuous eigenvalue
ω	Angular frequency
$\mathbf{\Pi}$	State matrix
(k)	Parameter at time index k
(p)	Parameter at order p
H	Hermitian transpose
$\wedge$	Estimated value

| | Absolute value

Trace(...)   Trace norm of a matrix

INTRODUCTION

A notre époque, la plupart des mécanismes, systèmes et machines sont sollicités par des charges dynamiques. C'est pourquoi la compréhension des comportements dynamiques des structures et des machines est un sujet important de recherche. Or, les structures ont des comportements dynamiques de plus en plus critiques puisque l'optimisation et les conceptions modernes demandent de construire des structures plus minces, modernes, plus allégées et plus flexibles aussi bien en aéronautique (Boeing 767 ou Airbus A380) qu'en génie civil (Pont suspendu Akashi Kaikyo de travée de 1991 m), (Vu, Thomas *et al.* 2007). L'analyse des comportements dynamiques des structures nécessite des outils avancés et basés sur des connaissances modernes. L'analyse modale permet de déterminer expérimentalement les caractéristiques dynamiques des structures pour optimiser le dimensionnement et pour résoudre des problèmes dynamiques (Ewins 2000).

L'application visée dans cette recherche concerne l'analyse modale en opération d'une turbine hydraulique qui a, théoriquement, une durée de vie de 40 ans. Cette durée de vie est souvent restreinte par l'apparition de fissures. Lorsque des fissures de fatigue apparaissent dans les turbines hydrauliques, une question reste en suspens : quelle est la part des contraintes dynamiques et quelle est la part des contraintes résiduelles de fabrication? Si la vitesse de hachage du sillage des directrices (fréquence d'excitation) opère proche d'une des fréquences naturelles de la turbine, il y a amplification des contraintes dynamiques qui dépendent de l'amortissement du système, qui doit par conséquent être connu, celui-ci dépendant principalement de la vitesse de l'écoulement. Il est en effet possible que ce phénomène d'amplification des contraintes ait déjà été la cause de fissurations et il est par conséquent primordial de prévoir les paramètres modaux de la turbine (fréquences de résonance, taux d'amortissement et modes) lorsqu'elle est excitée par un écoulement turbulent. Si l'analyse modale est aisée pour des structures opérant dans l'air, ceci l'est moins pour des structures opérant dans l'eau. La présence du fluide autour de la structure engendre une force de réaction qui peut être interprétée par un effet de masse ajoutée et d'amortissement ajouté. En fait, les fréquences naturelles peuvent diminuer de 3 à 50 % selon les modes considérés et cette variation est plus manifeste pour les modes impliquant un déplacement du moyeu. De plus, l'effet de l'écoulement est une cause de comportement dynamique complexe qui demande une surveillance dans le temps. Des modèles théoriques ont été développés pour prédire l'effet de la masse ajoutée (Lussier 1998) , mais il reste tout de même à valider ces résultats à l'aide d'essais expérimentaux. Par contre, la modélisation de l'amortissement ajouté en est encore au stade de laboratoire et n'est pas encore au point en milieu industriel. En fait, la mesure des paramètres modaux d'une structure immergée et soumise à un écoulement n'est pas une mince affaire, puisque l'amortissement ajouté pourra empêcher la lecture de mesures vibratoires et ainsi empêcher l'utilisation de méthodes expérimentales usuelles. Les techniques usuelles d'analyse modale expérimentale demandant une connaissance des forces d'excitation et ne sont pas applicables dans un processus de suivi industriel, puisque ces forces sont inconnues. En fait, il est très difficile dans de nombreux cas, d'exercer sur une structure, une excitation connue pour mesurer son comportement dans les conditions de production, à cause de son importance, de sa localisation et de ses dimensions, etc.

On doit alors avoir recours à des techniques spéciales pour déterminer les paramètres modaux des structures seulement à partir des réponses vibratoires seulement, dite « en opération ». Ces méthodes d'analyse modale opérationnelle travaillent seulement avec les réponses, sans connaître les excitations. Bien que les techniques d'identification modale peuvent être conduites dans le domaine fréquentiel (Jacobsen, Andersen *et al.* 2007) ou temporel (Hermans and Van Der Auweraer 1999), (Maia and Silva 2001), (Vu, Thomas *et al.* 2006), (Vu, Thomas *et al.* 2007), le domaine temporel s'est avéré préférable pour réaliser une analyse modale opérationnelle par son adaptation à la non-stationnarité. Les méthodes temporelles peuvent être classifiées en deux groupes :

- Le premier s'effectue par l'ajustement des fonctions de corrélation des réponses, comme la méthode temporelle d'Ibrahim (ITD) (Ibrahim and Mikulcik 1977), les moindres carrés exponentiels des complexes (LSCE) (Brown, Allemang *et al.* 1979), l'identification en sous-espace stochastique conduite par la covariance (SSI-COV) (Peeters 2000), et plusieurs autres versions modifiées de ces méthodes pour mieux s'adapter aux applications spécifiques, en particulier sous excitations harmoniques (Mohanty and Rixen 2004), (Gagnon, Tahan *et al.* 2006).

- Le deuxième groupe est basé sur des modèles paramétriques, basés sur le choix d'un modèle mathématique pour idéaliser le comportement dynamique structural, et comprend la méthode autorégressive à moyenne mobile (ARMA) et celle Autorégressive (AR) (Pandit 1991), (Gonthier, Smail *et al.* 1993), (Andersen 1997),(Smail, Thomas *et al.* 1999), (Vu, Thomas *et al.* 2007). Bien qu'il existe des équivalences entre les deux groupes, ces dernières méthodes, permettant des avancements innovateurs, ont été choisies comme la direction de recherche de cette thèse.

Cette thèse montre donc le développement d'une technique originale d'analyse modale basée sur le modèle autorégressif appliqué à des structures immergées. Les directions de recherche sont présentées, en mettant l'accent sur les originalités développées, dans la section qui suit suite à une revue de la littérature.

CHAPITRE 1

REVUE DE LITTÉRATURE ET ORIGINALITÉS DES TRAVAUX

1.1   Introduction

Les parties ci-dessous présentent une revue de littérature sur le développement de modèles autorégressifs et mettent en évidence les points novateurs élaborés dans cette recherche.

1.2   Modélisation de la méthode autorégressive

Les modèles de la famille autorégressive ne sont pas nouveaux en mathématique. Dans les années 1970, le travail de (Gersch 1970) et du livre de (Box and Jenkins 1970) ont permis d'exploiter cette méthode dans plusieurs recherches y compris la modélisation des systèmes dynamiques et dont l'analyse modale est une conséquence. Le modèle paramétrique général est introduit par (Box and Jenkins 1970) où l'entrée $\mathbf{u}(t)$, la sortie $\mathbf{y}(t)$ et le bruit $\mathbf{w}(t)$ sont modélisés par des paramètres du modèle via un opérateur de recul z (Figure 1.1). Dans des applications vibratoires, on peut voir que l'entrée joue le rôle de l'excitation tandis que les sorties sont des réponses dynamiques.

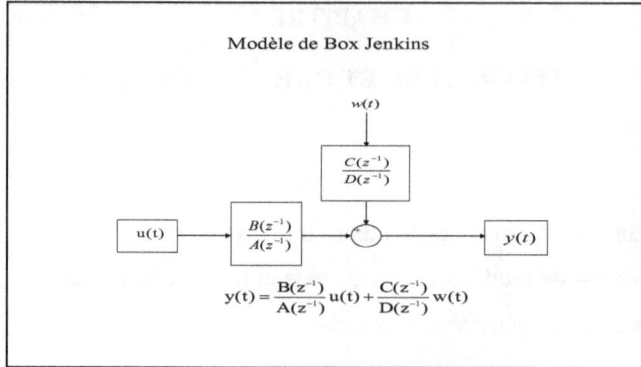

Figure 1.1 Modèle de Box-Jenkins.

Dans le cas où on considère un dénominateur commun qui suppose que les pôles sont les mêmes, le modèle porte le nom de ARMAX (AutoregRessive Moving Average with eXogenous excitation). Le modèle ARMAX (Figure 1.2) est considéré comme le modèle complet pour la modélisation vibratoire.

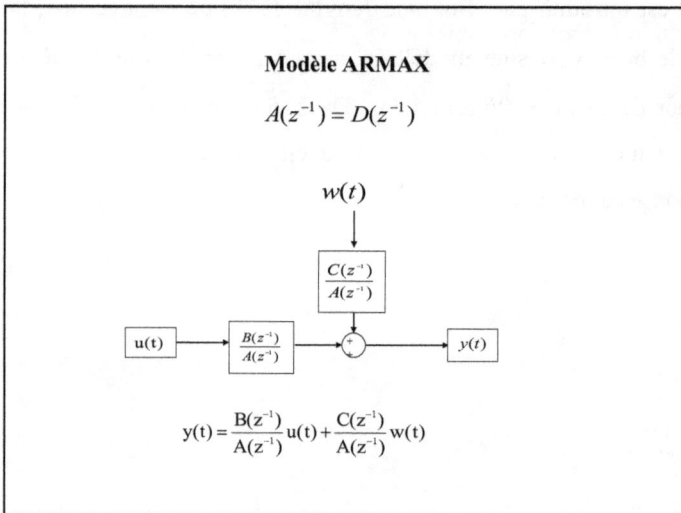

Figure 1.2 Modèle ARMAX.

En fait, si on suppose un bruit blanc Gaussien, ce qui est très courant en pratique, celui-ci ne demande pas une simulation paramétrique et le modèle ARMAX peut s'écrire sous la forme du modèle ARX (Figure 1.3).

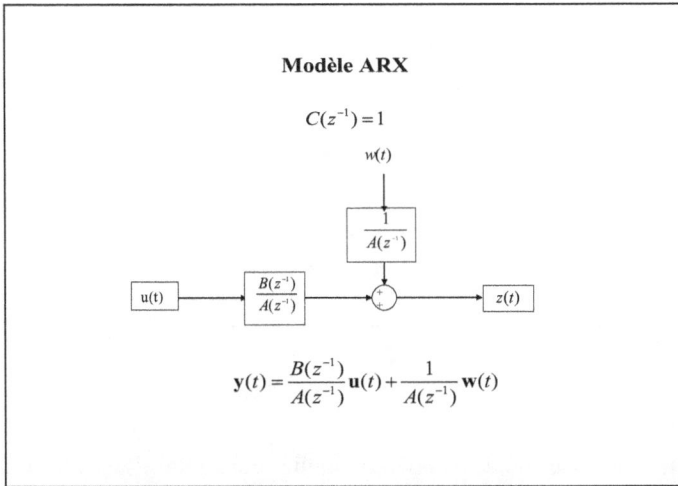

Figure 1.3 Modèle ARX.

Comme l'excitation n'est pas toujours mesurable, il est nécessaire d'avoir un modèle pour réaliser une analyse modale opérationnelle sans connaître la force d'excitation. Le modèle ARMA (Figure 1.4) considère une relation polynomiale autorégressive entre les réponses vibratoires et le bruit qui est maintenant considéré comme une excitation ambiante en ordre (p, q).

$$\mathbf{y}(t) + \mathbf{A}_1\mathbf{y}(t-1) + ... + \mathbf{A}_p\mathbf{y}(t-p) = \mathbf{w}(t) + \mathbf{C}_1\mathbf{w}(t-1) + ... + \mathbf{C}_q\mathbf{w}(t-q) \qquad (1.1)$$

Pour l'identification des paramètres modaux (fréquence et taux d'amortissement), ces modèles sont largement utilisés sous forme d'un modèle uni-variable avec un seul canal de mesure, comme (Kim, Eman *et al.* 1984), (Lardies 1997), (Smail, Thomas *et al.* 1999).

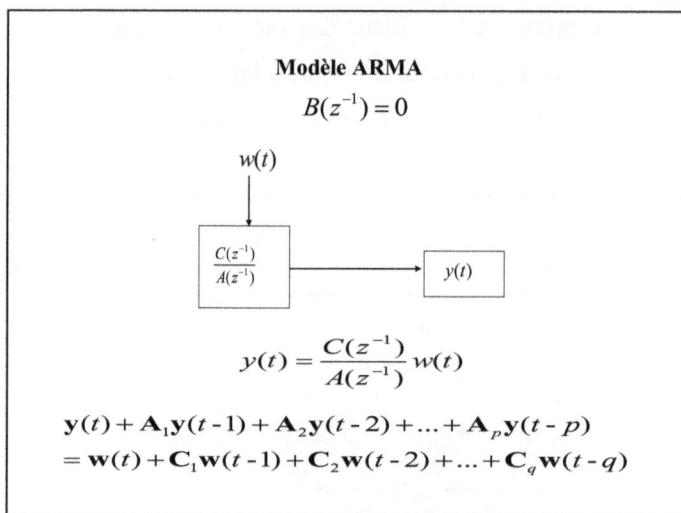

Figure 1.4 Modèle ARMA.

En fait, l'analyse modale opérationnelle concerne l'identification des paramètres modaux à partir des réponses vibratoires seulement, et la partie autorégressive contient toute l'information sur les paramètres modaux. Puisque l'excitation ambiante est supposée de type blanc Gaussien, on peut réduire le modèle à un seul terme et le modèle ARMA devient le AR (Figure 1.5). Le bruit $\mathbf{w}(t)$ devient l'erreur du modèle autorégressif et peut être appelé $\mathbf{e}(t)$. Aussi, le modèle AR peut remplacer le modèle ARMA si son ordre est choisi suffisamment grand (Box and Jenkins 1970). Dans cette recherche, un modèle AR à variable multiple a donc été choisi (Vu, Thomas *et al.* 2007).

$$\mathbf{y}(t) + \mathbf{A}_1\mathbf{y}(t-1) + \ldots + \mathbf{A}_p\mathbf{y}(t-p) = \mathbf{e}(t) \qquad (1.2)$$

Modèle AR

$$C(z^{-1}) = 1$$

$w(t)$

$$\frac{1}{A(z^{-1})}$$

$y(t)$

$$\mathbf{y}(t) = \frac{1}{A(z^{-1})}\,\mathbf{w}(t)$$

$$\mathbf{y}(t) + \mathbf{A}_1\mathbf{y}(t-1) + \mathbf{A}_2\mathbf{y}(t-2) + ... + \mathbf{A}_p\mathbf{y}(t-p) = \mathbf{w}(t)$$

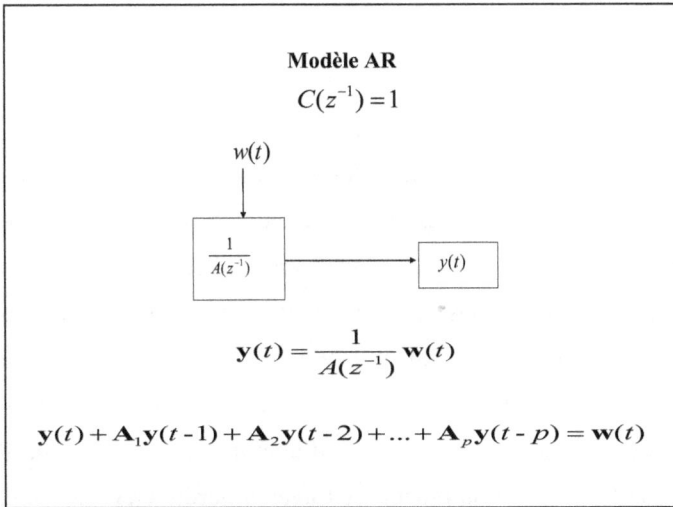

Figure 1.5 Modèle AR.

Plusieurs chercheurs ont travaillé sur un modèle à variables multiples, comme (He and De Roeck 1997), (Bodeux and Golinval 2001). En analyse modale opérationnelle, le nombre des canaux est souvent élevé et ces derniers doivent être synchronisés durant l'acquisition des données. Comme les propriétés dynamiques de la structure sont les mêmes indépendamment du capteur, les résultats seront meilleurs par une approche à variables multiples.

1.3   Estimation des paramètres du modèle

Il est évident qu'avec un modèle paramétrique, le cœur de l'identification se trouve dans l'estimation des paramètres du modèle qui diffèrent d'une méthode à l'autre. On trouve dans la littérature, trois grandes orientations pour estimer un modèle paramétrique, soit : les méthodes de prédiction d'erreur (*prediction error methods-PEM*), le maximum de vraisemblance

(*Maximum likelihood estimation*-MLE) et la variable instrumentale (*instrumental variable*-IVE).

La méthode basée sur les PEM applique les moindres carrés. (Kim, Eman *et al.* 1984) ont proposé le modèle ARMA pour modéliser une machine de forage et ont comparé leurs résultats avec ceux obtenus par transformées de Fourier. (Bennis and Massoud 1989) ont utilisé le modèle AR pour modéliser et identifier les fréquences et l'amortissement de systèmes viscoélastiques. (He and De Roeck 1997) ont utilisé le modèle à variables multiples AR avec un ordre élevé pour identifier les fréquences, taux d'amortissement et formes modales d'une transmission d'eau. Ils ont montré que l'utilisation du modèle AR avec un ordre élevé est similaire à celui d'un modèle ARMA normal. Comme les réponses sont souvent contaminées par des bruits de mesure, (Smail, Thomas *et al.* 1999) ont montré que la matrice des données n'est pas indépendante de bruit, et que si le bruit n'est pas purement blanc , la méthode des moindres carrées devient biaisée pour l'identification d'un modèle AR (Sinha and Kuszta 1983). Pour surmonter ce problème, il existe des méthodes comme celle des moindres carrés (Gonthier, Smail *et al.* 1993) qui ont construit une procédure récursive ARMA pour réaliser une estimation des moindres carrés non biaisés. (Neumaier and Schneider 2001) en se basant sur la factorisation QR '*QR-factorization*' des matrices des réponses, ont développé leur méthode pour un système à variables multiples. Leur algorithme s'arrête à l'estimation des paramètres. La méthode des moindres carrés itératifs donne aussi des estimations non biaisées. (Bodeux and Golinval 2001) par algorithme de Gauss-Newton, ont développé un modèle ARMAV à variables multiples. Cette technique estime les paramètres du modèle itérativement par la minimisation Gauss-Newton à partir d'un modèle ARV, d'un modèle ARX et enfin d'un modèle ARMAV. (Hsia

1976) a élaboré un modèle des moindres carrés généralisés. Il a modélisé l'excitation du bruit général (non Gaussien) du modèle AR comme une sortie d'un modèle AR de données Gaussiennes blanches. Les paramètres du modèle AR sont ensuite corrigés par un calcul répétitif de l'estimation des moindres carrés. Récemment, (Zheng 2000) et (Huang 2001) ont montré des procédures des moindres carrés modifiés basées sur l'équivalence entre la fonction matricielle de corrélation d'une réponse linéaire due à un bruit blanc et la réponse libre déterministe du système avec pour résultats, une matrice modifiée des données qui améliore l'efficacité des paramètres du modèle.

Une autre méthode non biaisée, pour estimer les paramètres des modèles AR et ARMA est la méthode du maximum de vraisemblance (MLE) (Larbi and Lardies 2000) et (Capecchi 1989). La méthode construit une fonction de vraisemblance des bruits en se basant sur la fonction densité de puissance (*power density function- PDF*) et estime les paramètres pour que le bruit soit semblable à la réalité en maximisant le logarithme de la fonction de vraisemblance. Il est trouvé que dans le cas d'une excitation Gaussienne blanche, cette méthode converge vers celle des moindres carrés.

La méthode de la variable instrumentale (IV) est une nouvelle méthode qui présente l'avantage de faire beaucoup moins de calcul que les précédentes. Il est reconnu que la méthode des moindres carrés ordinaires est biaisée puisque la matrice des données est corrélée avec le bruit. Donc ils proposent de chercher une nouvelle matrice nommée matrice des variables instrumentales qui est corrélée avec les réponses mais tout à fait indépendante des bruits (Stoica and Soderstrom 1983). Avec cette matrice, l'algorithme des moindres carrés devient non biaisé.

Étant donné qu'on considère dans cette thèse un modèle à variables multiples, l'estimation des paramètres du modèle peut nécessiter des temps de calcul élevés. Comme les excitations turbulentes sur les turbines sont de type aléatoire, celles-ci peuvent être considérées comme un bruit Gaussien blanc qui permet une utilisation rapide et non biaisé des moindres carrés avec une bonne exactitude. Dans cette thèse, la méthode de base pour un modèle à variables multiples est celle des moindres carrés utilisant la factorisation QR hérité de (Neumaier and Schneider 2001). Il est trouvé que cet algorithme est très rapide, stable et permet une mise à jour du modèle, ainsi que la séparation du signal et du bruit (voir CHAPITRE 3).

1.4 Sélection de l'ordre du modèle

Puisque le modèle est paramétrique, la sélection de l'ordre du modèle est un paramètre important pouvant influencer l'exactitude des résultats. La sélection d'un bon ordre est conseillée pour des applications de prédiction et un ordre optimal peut être défini parallèlement à l'estimation des paramètres du modèle par des critères tels que : *Final prediction error* (FPE), *Akaike information criterion* (AIC) et *Maximum description length* (MDL) (Lutkepohl 1993), etc. Ces critères permettent d'évaluer l'erreur prédictive avec une fonction de pénalité pour trouver la valeur optimale de l'ordre. Il existe aussi une méthode basée sur le rapport entre les valeurs propres de la matrice des covariances des réponses pour estimer l'ordre du modèle (Liang, Wilkes *et al.* 1993), (Smail, Thomas *et al.* 1999). Il est nécessaire alors de déterminer une valeur supérieure de l'ordre pour établir une grande matrice de covariance.

En analyse modale, on s'intéresse plus à l'identification des paramètres modaux qu'à l'erreur prédictive, alors l'utilisation de ces critères semble obsolète. En fait, la méthode la plus courante pour identifier les paramètres modaux, est l'utilisation de diagrammes de stabilité, qui montre la variation des fréquences en fonction de l'ordre de calcul. Cette technique par contre peut être affectée par la contamination de taux de bruit élevés et la répétition du calcul sur une grande gamme d'ordre peut prendre beaucoup de temps, ce qui n'est pas souhaité pour réaliser une analyse modale opérationnelle en temps réel.

Une partie de cette thèse porte sur le développement d'un nouveau critère pour la sélection de l'ordre minimum. Ce critère est nommé NOF (*noise-rate order factor*) qui est construit à partir du rapport du signal sur bruit en fonction de l'ordre (voir CHAPITRE 3).

1.5   Identification des modes et des paramètres modaux

Les paramètres modaux du système se trouvent dans la décomposition de la matrice d'état construite à partir des paramètres du modèle. Le problème est que si on utilise un ordre très élevé, l'identification des vrais modes est noyée parmi un grand nombre de fréquences parasites et donc est rendue difficile, dans le diagramme de stabilité.

Il existe quelques critères pour identifier les formes modales. Le facteur de confiance modale (*modal confidence factor* MCF) (Ibrahim 1978) compare deux vecteurs modaux identifiés à partir de deux bandes de données déplacées. Toutefois, il peut arriver d'obtenir des résultats erronés avec un rapport faible pour un vrai mode, et une valeur élevée pour un mode bruité. (Pandit 1991) a développé la technique de moyenne des amplitudes modales (*average modal amplitude* - AM) et le rapport modal de signal sur bruit (*modal signal to noise* – MSN) qui peuvent être combinés pour identifier les fréquences et taux amortissement ainsi que les modes. Cependant, le nombre des modes réels à trouver reste toujours inconnu.

Dans cette thèse, au lieu d'utiliser ensemble les deux index AM et MSN, un nouvel indice est développé en considérant le taux d'amortissement et est nommé le rapport de signal sur bruit amorti (DMSN). Cet indice classifie les modes réels dans un ordre croissant, ce qui permet de les distinguer des modes parasites par un changement significatif sur l'évolution de DMSN. C'est un grand avantage pour automatiser la procédure d'analyse modale (voir CHAPITRE 4).

De plus, un nouveau critère de corrélation des modes, appelé OMAC, permet de comparer les modes ordre par ordre. Grâce à une mise à jour du modèle en fonction de l'ordre, la stabilité de corrélation d'un mode est construite sur un diagramme pour confirmer si ce mode est de nature structurale (voir CHAPITRE 3).

1.6   Incertitude des paramètres modaux

Puisque le modèle AR aboutit à une identification des paramètres modaux, il existe une incertitude sur les résultats. L'incertitude des paramètres modaux est un thème récent dans les recherches sur les systèmes dynamiques. On trouve une première étude sur l'incertitude l'estimation des paramètres dynamiques dans (Mace, Worden *et al.* 2005). En fait, l'incertitude des estimations paramétriques a déjà été dérivée dans plusieurs recherches mathématiques (McWhorter and Scharf 1993), (Christini 1993) et (Neumaier and Schneider 2001). (Pintelon, Guillaume *et al.* 2007) ont récemment dérivé l'incertitude des paramètres modaux par le calcul des fonctions de transfert. Toutefois, on trouve peu d'études portant sur l'incertitude des paramètres modaux à proprement dit. L'incertitude des paramètres modaux est calculée à partir des covariances des paramètres du modèle estimé et de la dérivation de ces paramètres par rapport aux paramètres du modèle (Lutkepohl 1993). Avec un modèle autorégressif, Lutkepohl a modélisé la matrice de covariance des paramètres estimés du modèle par le produit de Kronecker des matrices des moments des données, par la matrice de covariance estimée du bruit. Le problème d'incertitude revient alors au calcul des dérivations par rapport aux paramètres du modèle. (Neumaier and Schneider 2001) ont développé les calculs d'incertitude d'un modèle AR mais les résultats s'arrêtent aux dérivations d'une valeur propre et de la partie complexe du vecteur propre.

Dans cette thèse, nous continuons les travaux précédents de dérivation pour évaluer l'incertitude des fréquences naturelles, taux d'amortissement et composantes des modes. Ils sont de plus évalués dans cette étude en fonction de l'ordre du modèle et en fonction du taux de bruit (voir CHAPITRE 3).

1.7   Le problème non-stationnaire et la mise à jour du modèle

Un grand défi de l'analyse modale moderne est le problème des vibrations non stationnaires où les propriétés modales du système ou machine peuvent varier selon le temps. Jusqu'à maintenant, ce type de problème instationnaire a été résolu par des analyses temps-fréquences comme par exemple, la transformée de Fourier à temps court (STFT) (Bellizzi, Guillemain *et al.* 2001), (Hammond and White 1996), de Wigner-Ville

(Oehlmann, Brie *et al.* 1997), ou d'ondelettes (WT) (Safizadeh, Lakis *et al.* 2000), (Ruzzene, Fasana *et al.* 1997).

Pour utiliser les modèles paramétriques dans un problème non stationnaire, (Basseville, Benveniste *et al.* 1993) ont introduit le modèle ARMA dont les paramètres MA varient dans le temps. Récemment, l'équipe de Fassois a contribué à un grand nombre de recherches sur les modèles FS-ARMA (*Funtional series-*ARMA) dont les paramètres AR et MA varient dans le temps par une fonction qui est à estimer avec les paramètres du modèle (Petsounis and Fassois 2000), (Fouskitakis and Fassois 2001). Les avantages des méthodes paramétriques sont montrés dans (Poulimenos and Fassois 2004) et une étude complète sur les méthodes paramétriques non stationnaires est décrite dans (Poulimenos and Fassois 2006).

Dans cette thèse, un nouvel algorithme autorégressif a été développé pouvant être appliqué à l'analyse de systèmes non stationnaires (voir CHAPITRE 6). Au lieu de faire changer les paramètres d'échantillon à échantillon, nous proposons plutôt une méthode de fenêtrage à court terme où une fenêtre, à l'intérieur de laquelle les paramètres sont supposés constants, est glissée sur les données temporelles. La mise à jour à l'intérieur de chaque fenêtre est appliquée pour faire le suivi des paramètres modaux par un algorithme novateur (voir CHAPITRE 5, CHAPITRE 6).

1.8   Analyse spectrale

Les spectres sont des représentations fréquentielles importantes pour l'analyse modale. Dans une modélisation paramétrique, les spectres peuvent être calculés à partir de la séparation signal-bruit, d'une fonction transfert ou d'une décomposition spectrale. Très tôt, (Akaike 1969) a dérivé le spectre de puissance via un modèle autorégressif. Le nombre des recherches sur le spectre paramétrique est énorme, tel que le montre la littérature (Marple 1986). En ce qui concerne la recherche sur le spectre d'un modèle autorégressif, (Vaataja, Suoranta *et al.* 1994) ont développé la cohérence de plusieurs canaux du spectre autorégressif. (Quirk and Liu 1983) ont utilisé la technique de décimation pour améliorer la résolution spectrale. C'est une technique qui sert à réduire l'échantillonnage afin de séparer les pics proches et les afficher sur le spectre. (Kumazawa 1994) a proposé une méthode pour produire un spectre sans bruit d'un modèle AR par l'utilisation des composantes sinus et cosinus du signal qui sont déphasées de $\pi/2$.

Dans cette thèse, un spectre multiple est calculé à partir de la décomposition spectrale du modèle AR multiple. Après que les modes réels aient été classifiés et isolés par la technique décrite dans la section 1.5, les amplitudes des spectres modaux sont amplifiées à chaque fréquence pour établir une représentation fréquentielle très lisse, balancée où tous les vrais pics sont nettement distingués (voir CHAPITRE 4).

1.9   Analyse modale d'une structure immergée

Dans la littérature portant sur l'analyse modale de structures immergées, il existe des résultats d'analyse modale portant sur les turbines hydrauliques avec des essais dans l'air comme (Albijanic, Marjanovic *et al.* 1990). Dès les années 1965, (Linndholm, Kana *et al.* 1965) ont fait une étude expérimentale sur les vibrations libres d'une plaque encastrée en un seul côté et submergée dans l'eau. Les résultats ont été comparés à une approche théorique basée sur la théorie des poutres et des plaques minces avec l'introduction des facteurs de masse apparente. Ils ont trouvé aussi que lorsque la plaque est loin de la surface libre d'une distance égale à la moitié de la largeur de la plaque, les fréquences cessent de changer. (Muthuveerappan 1980) a analysé une plaque encastrée et submergée dans un fluide en utilisant des éléments finis bidimensionnels pour la plaque et des éléments finis tridimensionnels pour le fluide. Ils ont montré que dans le cas d'une plaque rectangulaire, la première fréquence obtenue continue à changer même pour des hauteurs de fluide qui dépassent deux fois la longueur de la plaque, mais ce résultat peut être contestable, car il n'est pas en accord avec plusieurs autres travaux. (Tanaka 1990) montre des données expérimentales, mais il manque d'explications sur l'influence de l'eau sur les paramètres modaux de la structure. D'autres publications ont présenté des résultats de simulations numériques sans comparaison avec l'expérimentation comme (Dubas and Schuch 1987), (Du, He *et al.* 1998), (Xiao, Wei *et al.* 2001), (Cao and Chen 2002). En 1991, (Kwak and Kim 1991) ont étudié l'effet d'un fluide sur les vibrations libres d'une plaque circulaire en contact avec la surface libre du fluide. Ils ont seulement considéré les vibrations axisymétriques. Ils ont essayé d'expliquer pourquoi il existe un écart entre les résultats expérimentaux et analytiques dans le cas des plaques circulaires encastrées. Ils ont introduit un facteur de masse ajoutée adimensionnelle incrémental. Ce facteur a été calculé par la méthode de Rayleigh. Il reflète l'augmentation de l'énergie cinétique du système causée par la présence du fluide et varie en fonction de la géométrie, des propriétés des matériaux et des conditions aux limites. (Haddara and Cao 1996) ont présenté une étude expérimentale et analytique des réponses dynamiques d'une plaque submergée dans l'eau. Ils ont discuté de l'effet des conditions aux limites et du niveau du liquide en contact avec la plaque. Les facteurs de masse ajoutée ont été calculés pour des cas différents. (Lussier 1998) a développé un modèle numérique pour calculer la masse ajoutée. En 2003, (Sinha, Singh *et al.* 2003) ont publié un article sur les effets de masse et d'amortissement ajoutés des plaques perforées et immergées. La masse ajoutée sur une structure vibrant dans l'eau étant supposée égale à la masse d'eau correspondant à la force de réaction de cette plaque, ils supposent que cette masse peut être présentée par un volume d'eau cylindrique imaginaire autour de la plaque dont le diamètre est la largeur de la plaque et la longueur est égale à la longueur de la plaque. Ils ont étudié ce modèle par éléments finis et effectué une validation expérimentale, avec une méthode d'identification dans le domaine spectral. Ainsi, la détermination des déformées modales, des fréquences de résonance et des amortissements (en utilisant soit un marteau d'impact ou un vibrateur pour exciter la structure) est rendue du domaine du possible en mesurant les fonctions de transfert (FRF) en plusieurs endroits. Toutefois, cette recherche n'a pas abordé l'amortissement ajouté. (Thomas, Abassi *et al.* 2005) ont présenté une étude d'analyse modale expérimentale d'une structure de type ailette de turbine hydraulique soumise à un écoulement turbulent. L'essai a été réalisé en laboratoire dans trois cas différents de vibration, soit : dans l'air, dans l'eau stagnante et dans l'eau avec écoulement turbulent. Les techniques d'analyse modale appliquées ont été AR et ARMA et les résultats ont été comparés avec les résultats obtenus par différentes méthodes spectrales. Les essais dans les trois conditions permettent de mettre en évidence les effets de masse et d'amortissement ajoutés. Lors d'une application industrielle, (Rodriguez, Egusquiza *et al.* 2006) ont expérimentalement étudié l'effet de masse ajoutée d'un rotor de turbine Francis immergée dans un fluide statique et comparé les résultats avec ceux obtenus dans l'air. Les résultats ont montré que les effets de masse ajoutés sont très significatifs. Les modes propres sont détectés dans les deux cas. Dans l'eau, les fréquences sont plus basses et les taux d'amortissement sont plus grands que dans l'air. La réduction dépend de chaque mode, maximale entre 25 % et 38 % et minimale de 11 %. Suivant les traces de (Lakis and

Païdoussis 1972) qui ont développé un modèle hybride analytique-éléments finis pour étudier les écoulements, puis de (Selmane and Lakis 1997) qui ont utilisé ce modèle sur une coque soumise à un écoulement, (Kerboua, Lakis *et al.* 2008) et (Esmailzadeh, Lakis *et al.* 2008), (Esmailzadeh, Lakis *et al.* 2009) ont utilisé ce modèle hybride pour étudier le comportement dynamique de structures de formes complexes vibrant dans un fluide sous champ de pression aléatoire. Ils ont évalué les effets de changement des fréquences et d'amortissement. Les résultats ont été comparés avec d'autres travaux trouvés dans la littérature. Mais il manque encore des essais expérimentaux pour valider leur modèle.

Dans cette thèse, l'étude sur les effets de masse et d'amortissement ajoutés sur une structure immergée ont été étudiés en appliquant les méthodes d'analyse modale développées dans (Vu, Thomas *et al.* 2007). Les essais ont été réalisés sur des structures de type plaques et sur des modèles réduits d'aubes de turbine hydraulique en conformité avec les études de (Haddara and Cao 1996) et de (Kerboua, Lakis *et al.* 2008) pour valider les résultats. L'analyse modale expérimentale classique a été réalisée pour fin de comparaison sur les structures dans l'air. La structure étudiée a été mise à différentes profondeurs et soumise à différents débits d'écoulement turbulent. En faisant varier la vitesse de l'écoulement aux différentes profondeurs de la structure, on peut faire le suivi de l'évolution des paramètres modaux dans le temps.

Les travaux réalisés durant cette thèse ont permis d'écrire 4 articles de revue et 9 articles de conférence avec comité de lecture.

CHAPITRE 2

BANC D'ESSAI HYDRAULIQUE EXPÉRIMENTAL

2.1   Description du banc d'essai

Afin d'évaluer l'interaction fluide-structure et notamment de déterminer la masse et l'amortissement ajoutés par un écoulement turbulent sur une structure, un banc d'essai hydraulique a été conçu et monté à l'ÉTS dans le laboratoire de l'équipe Dynamo.

Le banc d'essai doit satisfaire le cahier des charges suivant :
- Possibilité de réaliser des mesures vibratoires sur une structure dans l'air et dans l'eau;
- Les essais sur une structure immergée peuvent être réalisés dans une eau stagnante ou en écoulement turbulent;
- Possibilité de tester plusieurs types de structures dont une plaque mince et une aube de turbine;
- La profondeur immergée peut varier;
- Les débits peuvent varier selon les vitesses de l'écoulement désirés, qui varient entre 5 m/s et 30 m/s;
- Un fonctionnement tranquille et en tout sécurité.

Le banc d'essai est montré à la Figure 2.1. Ses dimensions hors tout sont 2.769 m (109 po) de longueur, 2.515 m (99 po) de hauteur et 2.210 m (87 po) de largeur. Son poids vide est de 490 kg. Le grand bassin contient de l'eau et une pompe immergée fait circuler l'eau par la tuyauterie, en boucle fermée. La structure testée est mise à l'intérieur d'une cuve trouée et on peut régler la vitesse de l'écoulement par une des valves et des différentes buses de sortie. Le banc est donc capable de tester des structures dont la dimension maximale est de 0.6 m (24 po) ou moins dans une condition totalement immergée. Une description plus détaillée sur la conception et la fabrication et le montage du banc peuvent être trouvées dans (Volta, Vu *et al.* 2007).

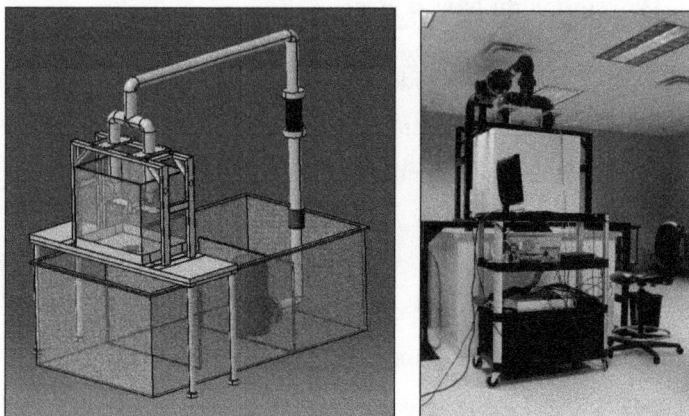

Figure 2.1 Banc d'essai hydraulique.

Le système de fixation (en acier inoxydable) est un outil à taches multiples (Figure 2.2). Il doit être capable de permettre de monter une plaque en différentes configurations de conditions aux frontières, avec des dimensions variées ainsi que des modèles réduits d'aube de turbine hydraulique.

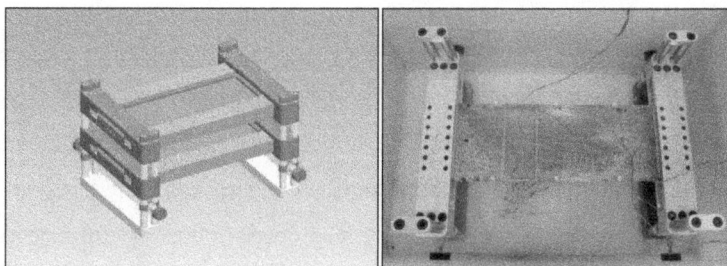

Figure 2.2 Système de fixation.

Pour obtenir une grande gamme de vitesses d'écoulement, plusieurs buses
ont été fabriquées à différents diamètres. Les vitesses maximales atteintes
sont montrées à la Figure 2.3.

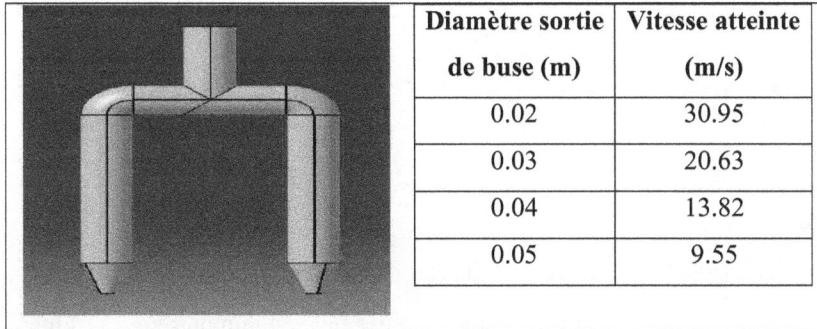

	Diamètre sortie de buse (m)	Vitesse atteinte (m/s)
	0.02	30.95
	0.03	20.63
	0.04	13.82
	0.05	9.55

Figure 2.3 Configuration de la sortie d'eau.

2.2   Instrumentation

L'instrumentation du projet est une tache délicate car les essais demandent
de réaliser ceux-ci dans une condition immergée sous haute pression. Les
équipements suivants ont été utilisés.

2.2.1   Accéléromètres piézoélectriques PCB 330A

Les capteurs PCB 330A sont des accéléromètres en plastique bon marché
utilisés pour la mesure des vibrations (Figure 2.4). Ils sont légers et
imperméables. Ces capteurs ont été utilisés dans tous nos essais pour
enregistrer les accélérations. La calibration de ces capteurs est disponible
dans (Durocher 2009).

Modèle	PCB 330A
Numéro de série	24868-29226
Sensibilité	380-920 mV/g
Excitation	4 mA

Figure 2.4 Capteur accéléromètre.

2.2.2   Capteurs de pression

Des capteurs de pression miniatures sont utilisés pour enregistrer les pressions dynamiques appliquées sur les structures immergées dues à l'écoulement. Les capteurs choisis sont de marque '*Measurements Specialities EPL*' avec des caractéristiques telles que montrées à la Figure 2.5.

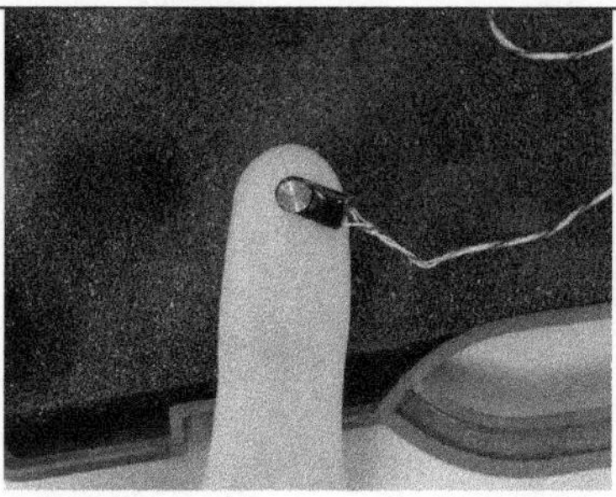

Modèle	EPL-D12-250P- /C/L5M
Numéro	EPL-250PS-20005
Porté /valeur max	250 Psi /500 Psi
Excitation	+10 V
Output FSO	~130 mV/FS
Résistance d'entrée	1380 Ohm
Résistance de sortie	283 Ohm

Figure 2.5 Capteurs de pression.

2.2.3   Système LMS

Un système d'acquisition des données SCADAS III à 8 canaux a été utilisé pour enregistrer les accélérations (Figure 2.6).

Figure 2.6 Système d'acquisition LMS.

2.2.4   Système d'acquisition Vishay

La boîte d'acquisition Vishay System 6000 a été utilisée pour l'enregistrement des capteurs de pression durant les différents essais (Figure 2.7). Le numéro du modèle utilisé est le 6200A (numéro de série 176338), capable d'enregistrer à une vitesse maximale de 10000 échantillons par seconde par canal. La boîte est équipée de 6 cartes pour des mesures de contraintes ou pression, 6 cartes pour des mesures avec thermocouples et 4 cartes pour des mesures avec des accéléromètres piézoélectriques, pour un total de 16 cartes. Le logiciel conçu pour fonctionner avec la boîte d'acquisition Vishay est '*StrainSmart*'. La version 4.31 utilisée lors du traitement de données permet d'exporter les données enregistrées sous différents formats, incluant .xls et .txt, ce qui facilite le transfert pour fin d'analyse avec Matlab.

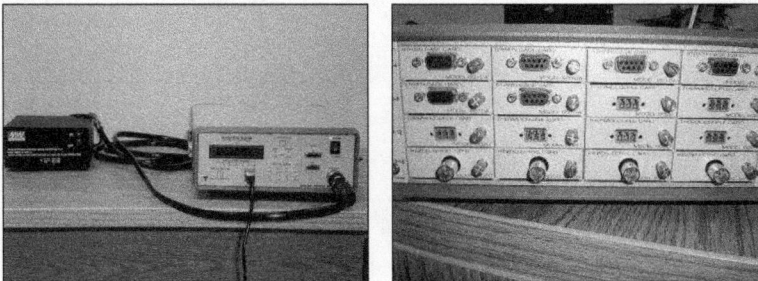

Figure 2.7 Système Vishay.

2.2.5   Marteau d'excitation

Un marteau d'impact PCB, équipé d'un capteur de force, a été utilisé pour donner un coup d'impact sur la structure dans des essais statiques. Pour pouvoir donner un impact à différentes profondeurs, le marteau est équipé d'une rallonge en acier (Figure 2.8).

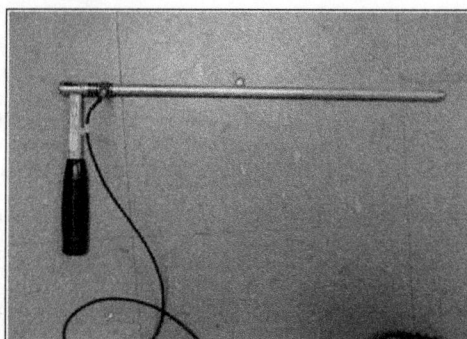

Figure 2.8 Marteau avec rallonge.

2.3   Les structures expérimentales

Deux types de structures ont été utilisés pour réaliser les essais. Des plaques minces en acier et des modèles réduits d'aubes de turbine hydraulique.

2.3.1   Plaques en acier

Les plaques sont de même épaisseur mais de différentes conditions aux frontières et différentes dimensions. Le matériau est en acier avec pour masse volumique 7872 kg/cm^3, pour module élastique 2 10^{11} Pa et pour coefficient de Poisson 0.29. Deux conditions aux frontières de la plaque sont étudiées, soit une plaque encastrée sur un côté (Figure 2.9) et une plaque encastrée sur deux côtés (Figure 2.10).

.

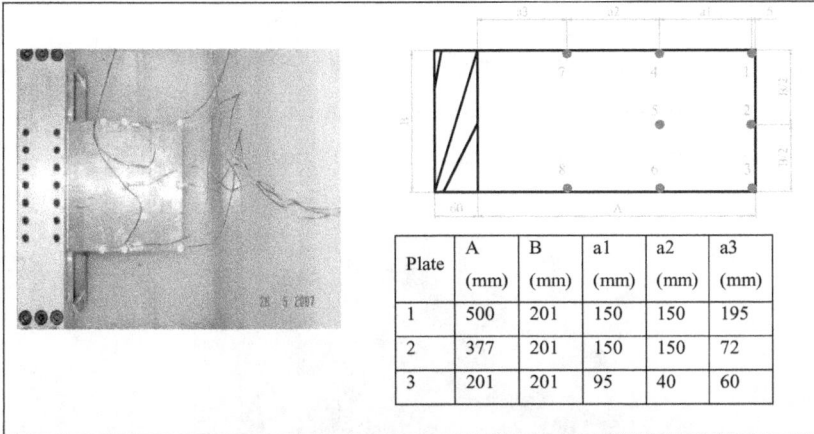

Plate	A (mm)	B (mm)	a1 (mm)	a2 (mm)	a3 (mm)
1	500	201	150	150	195
2	377	201	150	150	72
3	201	201	95	40	60

Figure 2.9 Configuration des plaques encastrées d'un côté (CFFF).

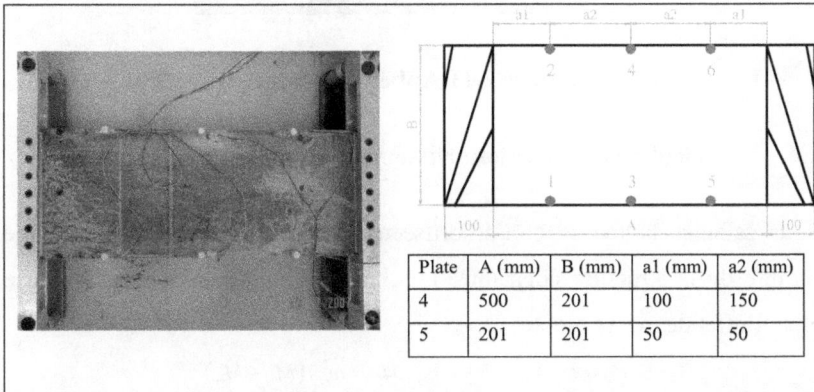

Plate	A (mm)	B (mm)	a1 (mm)	a2 (mm)
4	500	201	100	150
5	201	201	50	50

Figure 2.10 Configuration des plaques encastrées des deux côtés (CFCF).

2.3.2 Aube de turbine hydraulique

Avec la collaboration de l'IREQ, quatre modèles réduits d'aubes de turbine ont été testés. Après une analyse MEB (Microscopie électronique à balayage), ils sont en alliage de bronze ''M''- C92300 correspondant à la désignation normalisée suivante : 87Cu-8Sn-1Pb-4Zn. La Figure 2.11 montre l'aube numéro No.2 utilisée pour les essais. Quatre accéléromètres ultra légers ont été montés sur l'aube (on doit bien sur tenir compte de leur masse ajoutée, mais celle-ci est négligeable).

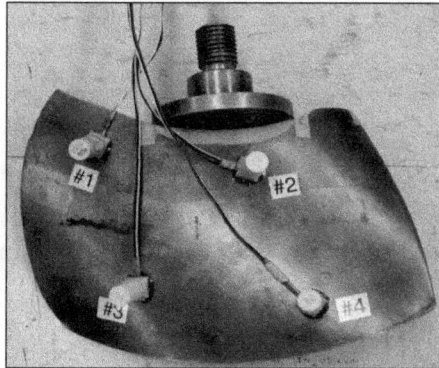

Figure 2.11 Aube de turbine.

2.4 Calcul de masse et amortissement ajoutés

Pour calculer la masse et l'amortissement ajoutés, on se base sur une rigidité de la structure constante. Le changement des fréquences signifie alors l'effet de masse ajoutée.

$$K_v = \omega_{n,v}^2 M_v = K_f = \omega_{n,f}^2 M_f = \omega_{n,f}^2 \left(M_v + M_a \right)$$

$$C_v = 2\xi_v \omega_{n,v} M_v$$

$$C_f = C_v + C_a = 2\xi_f \omega_{n,f} M_f$$

(2.1)

où K_v, M_v, C_v, $\omega_{n,v}$, ξ_v et K_f, M_f, C_f, $\omega_{n,f}$, ξ_f sont respectivement la rigidité modale, la masse modale, le taux d'amortissement modal, la fréquence naturelle et le taux d'amortissement d'un mode dans l'air et dans l'eau. M_a désigne la masse modale ajoutée de ce mode et C_a, l'amortissement ajouté.

Alors on peut dériver les facteurs de masse et amortissement ajoutés:

$$\frac{M_a}{M_v} = \frac{\omega_{n,v}^2}{\omega_{n,f}^2} - 1 \; ; \quad \frac{C_a}{C_v} = \frac{\xi_f \omega_{n,v}}{\xi_v \omega_{n,f}} - 1 \tag{2.2}$$

2.5   Essais dynamiques des plaques dans l'air

Les essais ont débuté sur une plaque encastrée dans l'air (Figure 2.12). Le Tableau 2.1 montre les résultats des 5 premières fréquences naturelles de la plaque encastrée, identifiés par AR, par FFT et calculés par éléments finis. On peut observer une bonne corrélation entre la théorie et la pratique pour identifier les résonances.

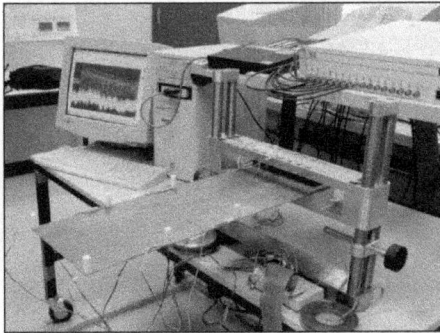

Figure 2.12 Essai d'une plaque encastrée dans l'air.

Tableau 2.1 Fréquences de résonance (Hz) de la plaque encastrée dans l'air

((1)- Par identification AR, (2) Par identification FFT, (3)- Par éléments finis)

Mode		Plaque 1	Plaque 2	Plaque 3	Plaque 4	Plaque 5
Mode 1	(1)	6.2	10.3	39.8	38.59	233.9
	(2)	6	10.4	40.0	38.50	232.3
	(3)	6.3	11.2	40.0	40.6	256.1
Mode 2	(1)	33.1	44.2	92.3	74.61	309.4
	(2)	33.3	44.1	91.3	74.50	309.2
	(3)	33.3	46.0	98.6	76.8	305.0
Mode 3	(1)	39.4	67.6	225.5	107.78	478.5
	(2)	40	68.1	225.9	108.10	477.4
	(3)	39.6	70.0	246.4	112.2	499.7
Mode 4	(1)	104.8	145.0	284.0	163.79	608.6
	(2)	105.4	145.0	285.2	163.40	610.4
	(3)	106.1	151.3	313.5	169.8	707.9
Mode 5	(1)	110	187.6	318.0	208.23	735.9
	(2)	109.9	188.2	318.0	208.30	736.9
	(3)	111.3	196.9	358.1	220.8	775.9

2.6   Essai des plaques dans l'eau stagnante

La plaque encastrée-libre a été ensuite immergée dans l'eau stagnante (Figure 2.13). La profondeur immergée D a été variée et référée en rapport avec la longueur L de la structure. A titre d'exemple, la Figure 2.14 montre la variation des fréquences naturelles de la plaque No.2, en fonction du rapport de la profondeur D sur la largeur L. Cette étude met en évidence l'effet de surface sur les résonances, montrant que la masse ajoutée est complétée après une immersion D/L supérieure à 10%. Le facteur de masse ajoutée est montré à la Figure 2.15.

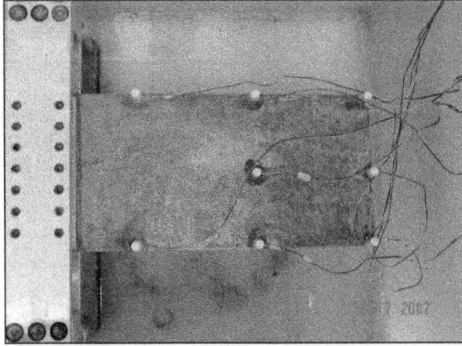

Figure 2.13 Essai d'une plaque dans l'eau stagnante.

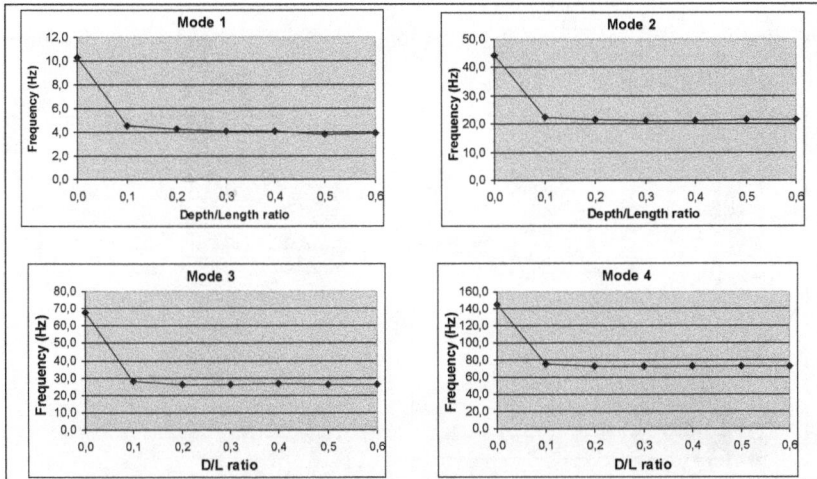

Figure 2.14 Changement des fréquences de la plaque 2.

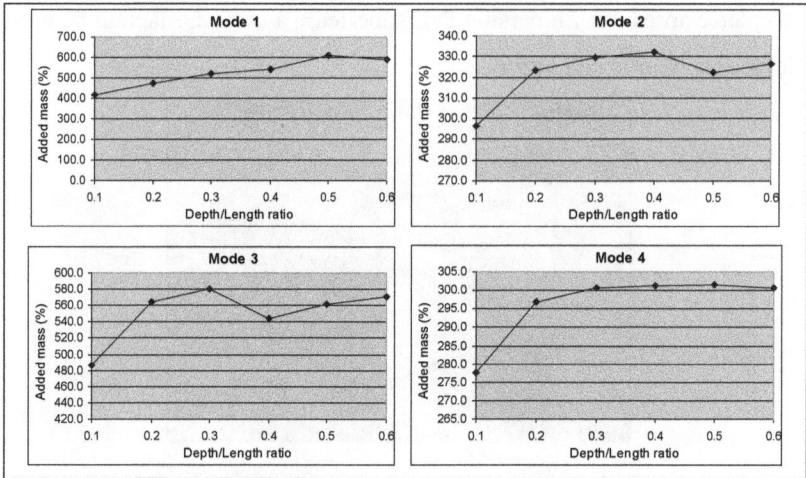

Figure 2.15 Masse ajoutée sur la plaque 2.

À titre indicatif, la Figure 2.16 présente l'effet de changement des taux d'amortissement pour la plaque No.4 à différentes profondeurs.

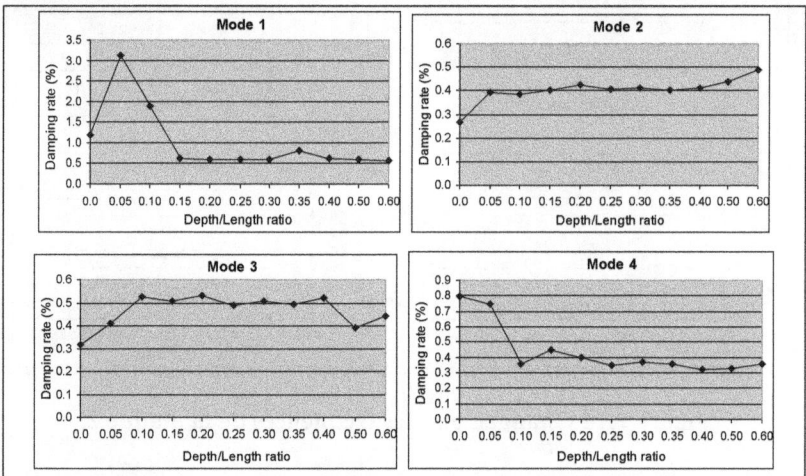

Figure 2.16 Changement des taux d'amortissement de la plaque 4.
Conclusions:

- La masse ajoutée est clairement observée quand la structure est immergée dans un fluide. Cet effet change significativement quand la profondeur est faible (moins de un dixième de la longueur). Plus la structure est immergée, plus cet effet devient stable. La profondeur où commence cette stabilité est trouvée entre 30-40 % de la longueur pour des plaques rectangles et entre 40%-50% de sa longueur pour des plaques carrées.
- Le taux de masse ajoutée est très significatif pour le premier mode de flexion, et peut atteindre 10 fois la masse modale. Ce taux est presque aussi égal pour les modes de torsion.
- Il y a une variation des taux d'amortissement identifiés. On observe des modes dont ces taux sont plus élevés dans l'eau que dans l'air (modes 2, 3), aussi des modes dont ces taux sont au contraire, plus faibles dans l'eau que dans l'air (mode 1, 4). (Axisa 2001) a montré que la présence de fluide stagnant ne devrait pas influence les taux d'amortissement. En fait les taux d'amortissement identifiés sont faibles avec une grande variance et l'incertitude sur la mesure peut expliquer les variations observées (voir chapitre 3 de cette thèse).

2.7   Essais modaux de l'aube dans l'air

Une aube a été choisie pour les essais (Aube No.2). Le test modal a été réalisé avec le système LMS suite à un coup de marteau avec une fréquence d'échantillonnage de 6400 Hz (Figure 2.17). Le Tableau 2.2 montre la comparaison des fréquences naturelles de cette aube identifiés avec la méthode AR (MODALAR) et calculés par éléments finis. La première fréquence (210 Hz), non identifiée par éléments finis, a été attribuée au montage. La Figure 2.18   présente le résultat de spectre par FFT et la Figure 2.19 montre un mode calculé par Ansys.

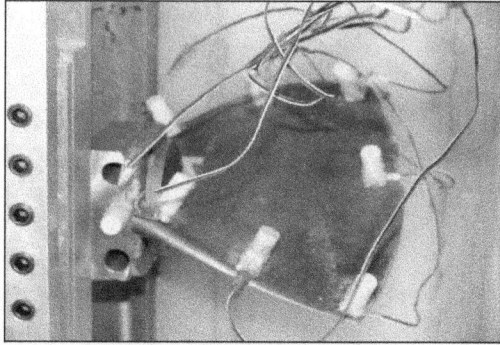

Figure 2.17 Essais modaux de l'aube dans l'air.

Tableau 2.2 Paramètres modaux de l'aube dans l'air

	Mode 1	Mode 2	Mode 3	Mode 4	Mode 5	Mode 6
Ansys	Non identifiée	332.9	643.16	896.9	963.6	1157.6
FFT	205.5	359.3	582.3	843.8	1048.4	1294.5
MODALAR (ordre 20)	208	368	576	848	1040	1296
MODALAR (ordre 40)	209.8	361.1	583.8	840.4	1038.5	1293.2
Taux d'amortissement (ordre 40)	4.1 %	1.3 %	0.8 %	0.4 %	1.4 %	0.3 %

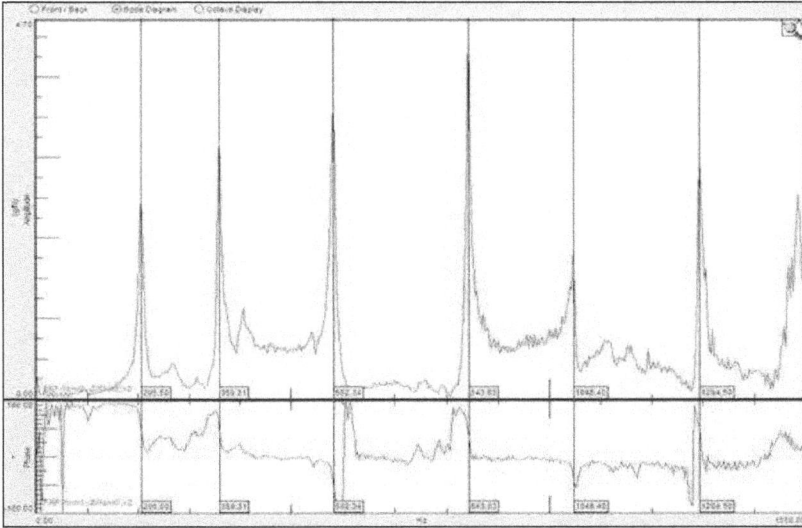

Figure 2.18 Spectre de l'aube dans l'air par LMS.

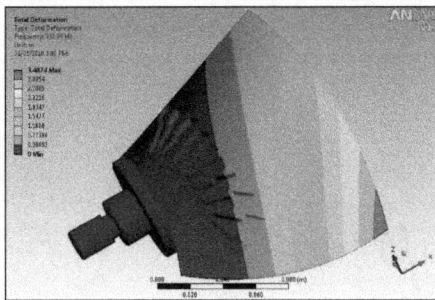

Figure 2.19 Un mode propre de l'aube.

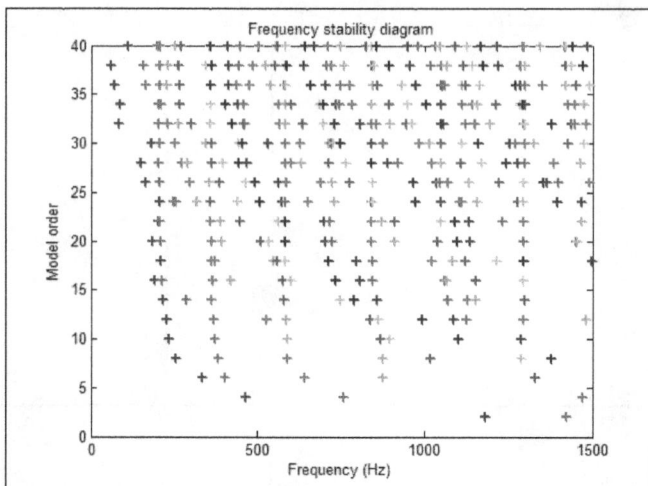

Figure 2.20 Stabilité des fréquences de l'aube dans l'air.

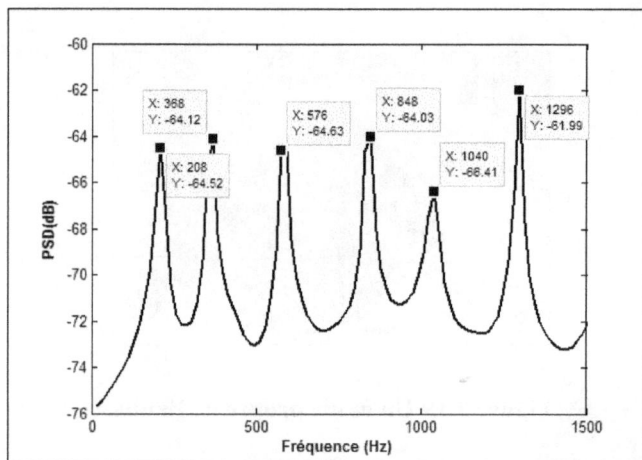

Figure 2.21 Spectre de l'aube dans l'air par MODALAR (ordre 20).

On constate une bonne stabilité de toutes les fréquences naturelles de l'aube identifiées sur le diagramme de stabilité (Figure 2.20) ainsi que sur le spectre (Figure 2.21). En observant les résonances identifiées comparées avec les fréquences théoriques, on remarque toutefois que la méthode AR identifie une fréquence supplémentaire (210 Hz) qui provient du montage.

2.8   Essai modaux de l'aube dans l'eau stagnante

L'aube No.2 a ensuite été mise dans l'eau stagnante et a subi une excitation par impact non mesurée. La stabilité des fréquences est montrée dans la Figure 2.22. Le spectre correspondant est montré à la Figure 2.23 pour les cinq premiers modes. Le Tableau 2.3 présente les fréquences des cinq premiers modes avec les facteurs de masse et amortissement ajoutés.

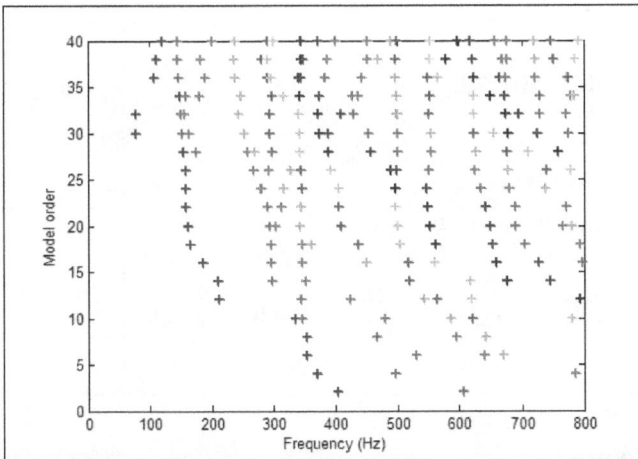

Figure 2.22 Stabilité des fréquences de l'aube dans l'eau stagnante.

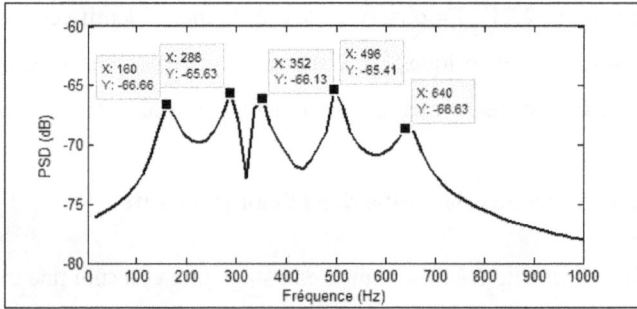

Figure 2.23 Spectre de l'aube dans l'eau stagnante (ordre 20).

Tableau 2.3 Résultats de l'aube dans l'eau stagnante

	Mode 1	Mode 2	Mode 3	Mode 4	Mode 5
MODALAR (Ordre 20) (Hz)	160.8	288.1	352.7	496.9	640.5
Masse ajoutée (%)	70.2	51.8	190.2	182.6	155.7
Taux d'amortissement (%)	9.8	4.0	3.0	2.0	3.0
Amortissement ajouté (%)	211.8	279.0	538.8	740.6	242.6

Conclusions

- En observant le Tableau 2.2 et le Tableau 2.3 on constate une baisse des fréquences naturelles qui reflète l'effet de la masse ajoutée. Cette masse ajoutée peut varier de 50 % à 200 % de la masse structurelle.

- On observe aussi un ajout du taux d'amortissement pour tous les modes. Cela montre l'effet de l'amortissement ajouté quand la structure vibre dans un fluide stagnant.

2.9   Essai dynamique de l'aube excitée par un écoulement et mesure de pressions

Les deux types de capteurs (pressions et accéléromètres) ont été posés sur l'aube No.2 pour des essais modaux de l'aube excitée par un écoulement à différent débits et vitesses de l'eau (Figure 2.24 et Figure 2.25). Dans tous les enregistrements effectués, la profondeur immergée est toujours assurée à 0.4 m sous l'eau pour que la structure soit totalement immergée. Les vitesses de l'écoulement ont été mesurées avec un débitmètre (Tableau 2.4).

Tableau 2.4 Débit et vitesse des écoulements

Débit (gl/s)	3.8	4.9	6.5	7.7	8.5	9.5
Vitesse (m/s)	3.48	4.49	5.95	7.05	7.78	8.70

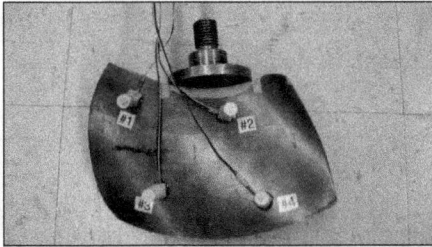

Figure 2.24 Disposition des accéléromètres sur l'aube.

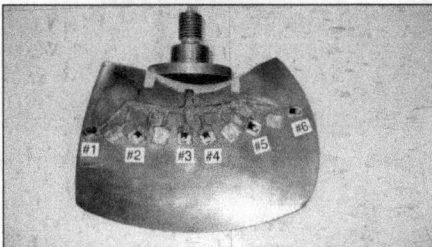

Figure 2.25 Disposition des capteurs de pression sur l'aube.

40

À titre indicatif, les Figure 2.26 et Figure 2.27 montrent les réponses temporelles de deux groupes de capteurs où on peut observer des caractères aléatoires sur tous les signaux. Sur les réponses des accéléromètres, le capteur numéro 1 présente toujours une amplitude plus grande que les autres. Ceci peut être expliqué par sa localisation près de la lame mince de l'aube (Figure 2.24). Sur les réponses temporelles de pressions, il est possible d'expliquer le phénomène de pression négative par un vide qui se crêt dans la cavité de l'aube due à l'écoulement d'eau perpendiculaire à la normale de l'aube. L'écoulement d'eau passe directement par-dessus la cavité, évitant un contact directe avec la surface du capteur de pression (Figure 2.28). Seulement le capteur de pression (No.2) se trouve directement en dessous du jet d'eau et qui représente le mieux l'augmentation de pression selon la vitesse d'écoulement (Figure 2.29). Les paramètres modaux aux différents débits sont identifiés dans le Tableau 2.5 et les facteurs de masse et amortissement ajoutés sont calculés dans le Tableau 2.6.

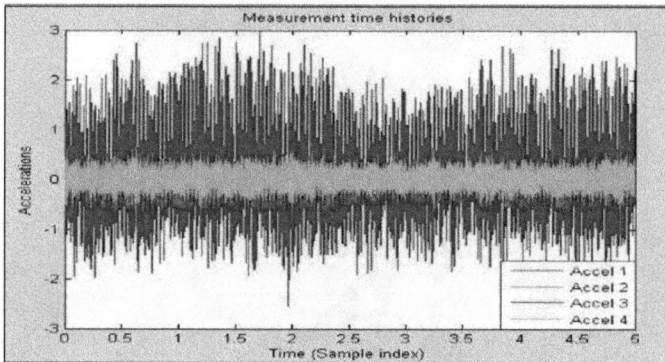

Figure 2.26 Réponses des accéléromètres à vitesse 3.48 m/s.

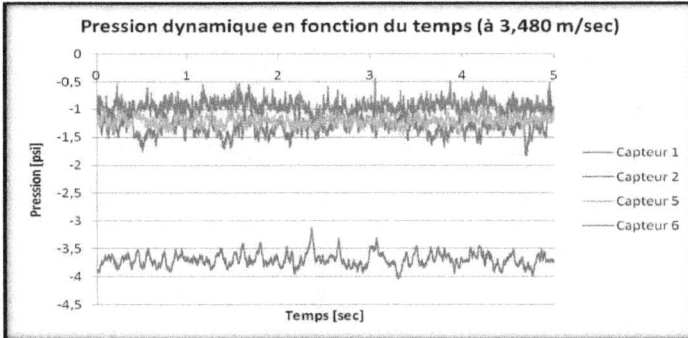

Figure 2.27 Réponses des capteurs de pression à vitesse 3.48 m/s.

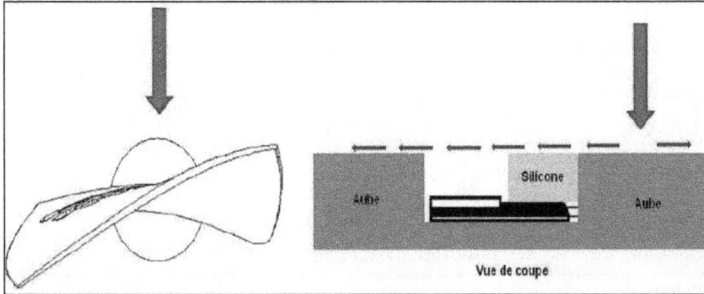

Figure 2.28 Jet d'eau sur capteur de pression.

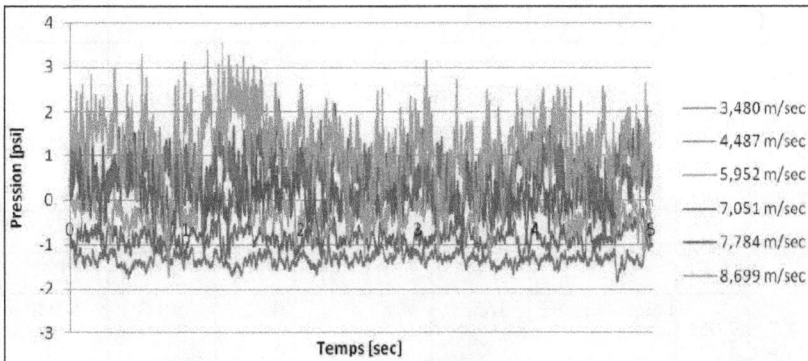

Figure 2.29 Pression du capteur 2 à différentes vitesses d'écoulement.

La Figure 2.30 montre l'évolution des fréquences et taux d'amortissement des cinq premiers modes de l'aube en fonction du débit de l'écoulement (y compris le cas de l'eau stagnante). On constate que la présence de l'écoulement n'influence pas beaucoup sur les fréquences naturelles mais fait changer significativement les taux d'amortissement. Ceci est en accord avec la théorie (Axisa 2001) qui dit que l'effet de masse ajoutée est stable même avec un écoulement et que l'effet de l'amortissement ajouté est principalement causé par la vitesse de l'écoulement. Il est toutefois surprenant de constater une baisse de l'amortissement, notamment du 1e mode, quand on augmente le débit de 0 à 3.8 gallons/seconde. Une étude plus précise aux bas débits devra être entreprise pour élucider ce phénomène.

Tableau 2.5 Paramètres modaux de l'aube dans écoulement, ordre 40

Débit (GPS)	Vitesse (m/s)	Modal	Mode 1	Mode 2	Mode 3	Mode 4	Mode 5
0	0	Fréquence (Hz)	160.8	288.1	352.7	496.9	640.5
		ζ (%)	6.9	2.6	1.9	1.5	1.9
3.8	3.480	Fréquence (Hz)	169.1	281.9	394.5	510.7	596.3
		ζ (%)	0.7	0.3	1.5	2.4	2.5
4.9	4.487	Fréquence (Hz)	167.9	283.4	401.5	503.9	621.7
		ζ (%)	1.3	0.8	1.9	1.1	2.1
6.5	5.952	Fréquence (Hz)	166.4	276.3	403.2	497.1	623.8
		ζ (%)	1	2.1	1.9	3.0	1.4
7.7	7.051	Fréquence (Hz)	165.2	289.7	405.2	501.3	621.1
		ζ (%)	1.7	3.9	2.3	3.1	1.8
8.5	7.784	Fréquence (Hz)	164.9	281.4	396.3	505.4	609.6
		ζ (%)	4.6	3.2	3.8	5.5	4.2
9.5	8.699	Fréquence (Hz)	166.4	281.8	362.3	512.9	603.7
		ζ (%)	6.2	6.9	6.3	6.8	12.8

Tableau 2.6 Masse et amortissement ajoutés dans l'écoulement, ordre 40

Modal	Mode 1	Mode 2	Mode 3	Mode 4	Mode 5
Fréquence (Hz)	164.9-169.1	276.3-289.7	362.3-405.2	497.1-512.9	596.3-623.8
Facteur de masse ajoutée (%)	356-379	306-346	330-438	309-336	330-370
Facteur d'amortissement ajouté (%)	223-231	970-1021	1533-1726	3340-3451	1795-1882

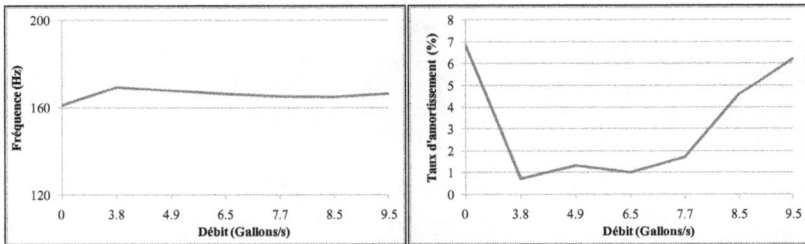

a) Mode 1

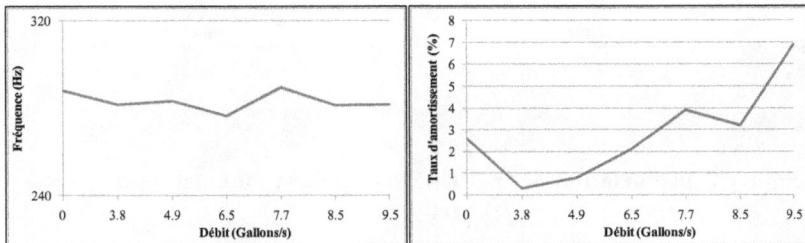

b) Mode 2

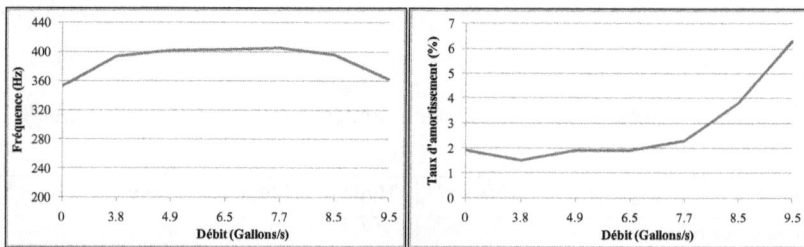

c) **Mode 3**

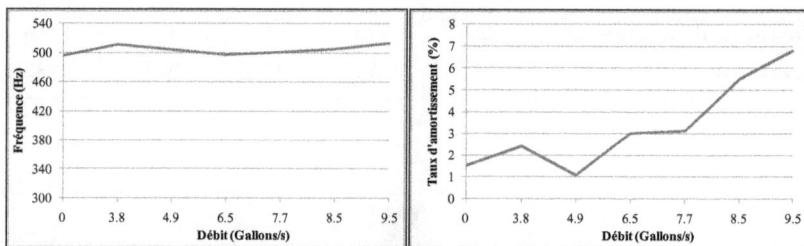

d) **Mode 4**

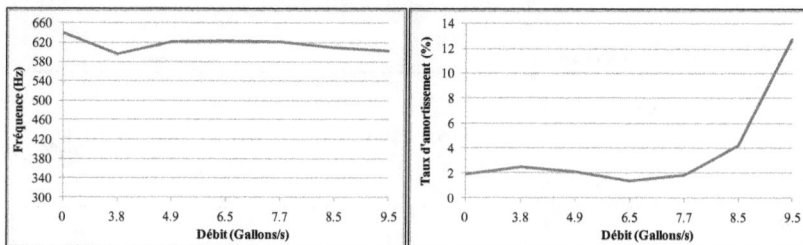

e) **Mode 5**

Figure 2.30 Variation des paramètres modaux en fonction de vitesse turbulente.

Conclusion :

En fonction de la vitesse d'écoulement, on constate une faible variation des fréquences identifiées, ce qui confirme que l'effet de masse ajoutée n'est pas beaucoup influencé par la vitesse d'écoulement. Par contre, on constate une grande variation de l'amortissement (généralement croissante, sauf aux bas débits pour les premiers modes) vu que la force d'amortissement visqueux dépend de la vitesse de l'écoulement.

CHAPITRE 3

PRÉSENTATION DE L'ARTICLE: *'OPERATIONAL MODAL ANALYSIS BY UPDATING AUTOREGRESSIVE MODEL'*

3.1   Résumé

Ce chapitre présente un article qui a été accepté pour publication dans la revue prestigieuse MECHANICAL SYSTEMS AND SIGNAL PROCESSING (MSSP).

Cet article présente une méthode d'analyse modale opérationnelle qui permet d'identifier les paramètres modaux avec leur incertitude associée, ce qui permet de lever le doute sur les résultats trouvés. La méthode est basée sur un modèle autorégressif (AR) en enregistrant simultanément les réponses temporelles de plusieurs capteurs. Les paramètres du modèle sont estimés par les moindres carrés via l'implémentation de la décomposition QR. Un nouveau facteur nommé Noise rate Order Factor (NOF) est introduit pour la sélection de l'ordre du modèle et du taux de bruit. Pour retrouver les modes, un nouveau critère appelé *Order Modal Assurance Criterion* (OMAC) est développé. La nouveauté est que celui-ci est défini en se basant sur la corrélation des modes identifiés à deux ordres consécutifs. Ce critère permet donc de sélectionner les modes qui sont stables selon l'ordre et d'éliminer les autres. L'algorithme est mis à jour selon l'ordre du modèle à partir d'une valeur faible pour réduire le temps de calcul. L'incertitude sur chaque fréquence naturelle, taux d'amortissement et mode est établie par dérivation du paramètre du modèle estimé. Des simulations et discussions sont présentées. Des essais expérimentaux sur une plaque concluent la présentation avec des résultats bien en accord avec l'analyse par éléments finis.

3.2   Abstract

This paper presents improvements of a multivariable autoregressive (AR) model for applications in operational modal analysis considering simultaneously the temporal response data of multi-channel measurements. The parameters are estimated using the least squares method via the implementation of the QR factorization. A new noise rate-based factor called the Noise rate Order Factor (NOF) is introduced for use in the effective selection of model order and noise rate estimation. For the selection of structural modes, a new criterion called the Order Modal Assurance Criterion (OMAC) is defined, based on the correlation of mode shapes identified from two successive orders. Specifically, the algorithm is updated with respect to model order from a small value to produce a cost-effective computation. Furthermore, the confidence intervals of each natural frequency, damping ratio and mode shapes are also derived through the construction of the derivative with respect to model parameters. This method is thus very effective for identifying the modal parameters in cases of ambient vibrations dealing with modern output-only modal analysis. Simulations and discussions on a steel plate structure are presented, and the experimental results show good agreement with the finite element analysis.

3.3   Introduction

Operational modal analysis is essential in many industrial applications especially when the excitations can't be measured. Unfortunately, the identification of modal parameters is not an easy task especially in a noisy environment (Thomas, Abassi *et al.* 2005). Although the identification technique can be conducted both in the frequency (Jacobsen, Andersen *et al.* 2007) or time domains (Hermans and Van Der Auweraer 1999), (Maia and Silva 2001), (Vu, Thomas *et al.* 2006), (Vu, Thomas *et al.* 2007), it is seen that the time domain is more suitable for operational modal analysis and can be classified into two groups. The first works in the fitting of response correlation functions, including the Ibrahim Time Domain (ITD) method (Ibrahim and Mikulcik 1977), the Least Squares Complex Exponential (LSCE) method (Brown, Allemang *et al.* 1979), the Covariance-driven Stochastic Subspace Identification (SSI-COV) method (Peeters 2000), and several modified versions of these methods for more suitable applications, particularly under harmonic excitations (Mohanty and Rixen 2004), (Mohanty and Rixen 2004), (Mohanty and Rixen 2004), (Gagnon, Tahan *et al.* 2006). Other methods, based on parametric models, involve choosing a mathematical model to idealize the structural dynamic responses, including AutoRegressive Moving Average (ARMA) and AutoRegressive (AR) models (Pandit 1991), (Gonthier, Smail *et al.* 1993), (Andersen 1997), (Smail, Thomas *et al.* 1999), (Vu, Thomas *et al.* 2007). For these autoregressive methods, a system identification algorithm is needed for estimating the model parameters, among them the Prediction Error Method (PEM) (Ljung 1999) is a common technique based on either the least squares estimate or on the Gauss-Newton iterative search. Several applications of the multivariate AR model can be found using the ordinary least squares in the form of normal equations (Kadakal and Yüzügüllü 1996), (He and De Roeck 1997), (Huang 2001), or the Levinson algorithm (Li, Ko *et al.* 1993). The PEM iterative method, generally used to search for minimization, requires intensive computation and initial start-up values which are normally calculated using the least squares method. Furthermore, in some cases, the local minimization problem poses a big challenge (Ljung 1999).

In this paper, the multivariate autoregressive model is expressed in a convenient fashion for the computation. The QR factorization method gives an easy, fast and well-conditioned formulation for the least squares estimate of model parameters, and can be effectively updated with respect to the model order. A new factor based on the separation and evolution of signal and noise is developed for the model order selection and noise rate estimation. The modal parameters are derived using the eigen-decomposition of the state matrix. A new criterion called the Order Modal Assurance Criterion (OMAC) is defined for a user-friendly selection of modes. For interest on uncertainty in the parameter estimates, a computation of the confidence intervals for each modal parameter is derived. Finally, the method is applied both on simulated and experimental data of a steel plate in comparison to finite element method.

3.4 Vector autoregressive model for output-only modal analysis

In operational modal analysis, we assume that the excitation is unknown. Since the modal analysis is conducted by using several d channels of measurements synchronized for data acquisition at sampling period T_s, a multivariate autoregressive model of pth order and dimension d can be utilized to fit the measured data (Pandit 1991), (Ljung 1999).

$$\mathbf{y}(t) = \mathbf{\Lambda}\mathbf{z}(t) + \mathbf{e}(t) \tag{3.1}$$

where: $\mathbf{\Lambda} = \begin{bmatrix} -\mathbf{A}_1 & -\mathbf{A}_2 & ... & -\mathbf{A}_p \end{bmatrix}$ size $d \times dp$ is the parameter matrix

$\mathbf{A}_i$ size $d \times d$ is the matrix of parameters relating the output $\mathbf{y}(t-i)$ to $\mathbf{y}(t)$

$\mathbf{z}(t)$ size $dp \times 1$ is the regressor for the output vector $\mathbf{y}(t)$, $\mathbf{z}(t)^T = \begin{bmatrix} \mathbf{y}(t-1)^T & \mathbf{y}(t-1)^T & ... & \mathbf{y}(t-1)^T \end{bmatrix}$, $dp = d \times p$.

$\mathbf{y}(t-i)$ size $d \times 1$ $(i = 1:p)$ is the output vector with delays time $i \times T_s$

$\mathbf{e}(t)$ size $d \times 1$ is the residual vector of all output channels considered as the error of model.

If N consecutive output vectors of the responses from $\mathbf{y}(t)$ to $\mathbf{y}(t+N-1)$ are taken into account, the model parameters can be obviously estimated with the least squares method. The following section reports the solution of this least squares problem by using of the well-known QR factorization (Bjorck 1996), (Golub and Van Loan 1996), (Cipra 2000). The $N \times dp + d$ data matrix is first constructed from available data:

$$\mathbf{K} = \begin{bmatrix} \mathbf{z}(t)^\mathrm{T} & \mathbf{y}(t)^\mathrm{T} \\ \mathbf{z}(t+1)^\mathrm{T} & \mathbf{y}(t+1)^\mathrm{T} \\ \cdots & \cdots \\ \mathbf{z}(t+N-1)^\mathrm{T} & \mathbf{y}(t+N-1)^\mathrm{T} \end{bmatrix} \tag{3.2}$$

The QR factorization of the data matrix $\mathbf{K} = \mathbf{Q} \times \mathbf{R}$ gives an orthogonal matrix $\mathbf{Q}$ (size $N \times N$) and $\mathbf{R}$ (size $N \times dp + d$) an upper triangular matrix with the form:

$$\mathbf{R} = \begin{bmatrix} \mathbf{R}_{11} & \mathbf{R}_{12} \\ \mathbf{0} & \mathbf{R}_{22} \\ \mathbf{0} & \mathbf{0} \end{bmatrix} \tag{3.3}$$

The parameters matrix is finally derived:

$$\mathbf{\Lambda} = (\mathbf{R}_{12}^\mathrm{T}\mathbf{R}_{11}).(\mathbf{R}_{11}^\mathrm{T}\mathbf{R}_{11})^{-1} = (\mathbf{R}_{11}^{-1}\mathbf{R}_{12})^\mathrm{T} \tag{3.4}$$

The estimated covariance matrices of the deterministic part $\hat{\mathbf{D}}$ and of the error $\hat{\mathbf{E}}$ (both of size $d \times d$) can be expressed as:

$$\hat{\mathbf{D}} = \frac{1}{N}\mathbf{R}_{12}^\mathrm{T}\mathbf{R}_{12} \tag{3.5}$$

$$\hat{\mathbf{E}} = \frac{1}{N}\mathbf{R}_{22}^\mathrm{T}\mathbf{R}_{22} \tag{3.6}$$

It is advantageously found that with the QR factorization:

- The model parameters are estimated in a fast and well-conditioned fashion since the condition number of matrix $\mathbf{R}_{11}$ in equation (3.4) is much smaller than in the ordinary least squares.

- Estimated covariance matrices of the error $\hat{\mathbf{E}}$ and of the deterministic part $\hat{\mathbf{D}}$ are separately computed from the model parameters and hence are referred to the signal - noise partition.

- Furthermore, the triangularity of matrix $\mathbf{R}_{11}$ and Cholesky form of $\hat{\mathbf{D}}$ and $\hat{\mathbf{E}}$ matrices are convenient and cost-effective for problem solving and for updating, as given in next sections.

3.5   Model order updating

It is derived from the previous section that the solution yields to the computation of $\mathbf{R}$ sub-matrices. The computation of $\mathbf{R}$ sub-matrices can be updated with respect to model order to avoid the problem of other algorithms which need a prior evaluation of model order and require a repetitive computation for a set of model orders. Algorithms for the updating of matrix factorizations had been developed in (Golub and Van Loan 1996) by using the Givens rotations, but these transformations need to be repetitively performed on half of matrix elements. Furthermore, since the variable vector could be long in a multivariate modeling, the identification becomes time consuming. In this paper, we present a computation for the update of the model when the order is increasing and it is shown that if only $\mathbf{R}$ sub-matrices are required, the problem results in applying the QR factorization or Givens rotations to only a sub-matrix of the previous solution.

Suppose that we have the data matrix $\mathbf{K}^{(p)}$ at the order p and its factored matrices $\mathbf{Q}^{(p)}$, $\mathbf{R}^{(p)}$ computed from equations (3.2) and (3.3):

$$\mathbf{K}^{(p)} = \begin{bmatrix} \mathbf{z}(t)^{\mathrm{T}} & \mathbf{y}(t)^{\mathrm{T}} \\ \mathbf{z}(t+1)^{\mathrm{T}} & \mathbf{y}(t+1)^{\mathrm{T}} \\ \dots & \dots \\ \mathbf{z}(t+N-1)^{\mathrm{T}} & \mathbf{y}(t+N-1)^{\mathrm{T}} \end{bmatrix} = \begin{bmatrix} \mathbf{K}_1^{(p)} & \mathbf{K}_2 \end{bmatrix} \tag{3.7}$$

$$\mathbf{R}^{(p)} = \begin{bmatrix} \mathbf{R}_{11}^{(p)} & \mathbf{R}_{12}^{(p)} \\ \mathbf{0} & \mathbf{R}_{22}^{(p)} \\ \mathbf{0} & \mathbf{0} \end{bmatrix}$$

At the order $p+1$, the data matrix can be subdivided as follow:

$$\mathbf{K}^{(p+1)} = \begin{bmatrix} \mathbf{K}_1^{(p)} & \mathbf{K}^* & \mathbf{K}_2 \end{bmatrix} \tag{3.8}$$

where $\mathbf{K}^*$ of size $N \times d$ comprises the added d columns:

$$\mathbf{K}^* = \begin{bmatrix} \mathbf{y}(k-(p+1))^{\mathrm{T}} \\ \mathbf{y}(k+1-(p+1))^{\mathrm{T}} \\ \dots \\ \mathbf{y}(k+N-1-(p+1))^{\mathrm{T}} \end{bmatrix} \tag{3.9}$$

Then we can compute the following matrix:

$$\mathbf{Q}^{(p)\mathrm{T}}\mathbf{K}^{(p+1)} = \begin{bmatrix} \mathbf{Q}^{(p)\mathrm{T}}\mathbf{K}_1^{(p)} & \mathbf{Q}^{(p)\mathrm{T}}\mathbf{K}^* & \mathbf{Q}^{(p)\mathrm{T}}\mathbf{K}_2 \end{bmatrix} = \begin{bmatrix} \mathbf{R}_{11}^{(p)} & \mathbf{T}_1 & \mathbf{R}_{12}^{(p)} \\ \mathbf{0} & \mathbf{T}_2 & \mathbf{R}_{22}^{(p)} \end{bmatrix} \tag{3.10}$$

where $\mathbf{T}_1$ of size $dp \times d$ and $\mathbf{T}_2$ of size $N - dp \times d$ are extracted from

$$\mathbf{Q}^{(p)\mathrm{T}}\mathbf{K}^* = \begin{bmatrix} \mathbf{T}_1 \\ \mathbf{T}_2 \end{bmatrix}.$$

If we apply the QR factorization on the submatrix $\mathbf{T}_2$, it yields to:

$$\mathbf{T}_2 = \mathbf{Q}_{\mathrm{T}} \begin{bmatrix} \mathbf{R}_{\mathrm{T}} \\ \mathbf{0} \end{bmatrix} \tag{3.11}$$

where $\mathbf{R}_{\mathrm{T}}$ of size $d \times d$ is an upper diagonal matrix and $\mathbf{Q}_{\mathrm{T}}$ of size $N - dp \times N - dp$ is the product of the Householder transformations or Givens rotations.

Then equation (3.10) becomes:

$$\begin{bmatrix} \mathbf{I} & \mathbf{0} \\ \mathbf{0} & \mathbf{Q}_T^{\mathrm{T}} \end{bmatrix} \mathbf{Q}^{(p)\mathrm{T}} \mathbf{K}^{(p+1)} = \begin{bmatrix} \mathbf{R}_{11}^{(p)} & \mathbf{T}_1 & \mathbf{R}_{12}^{(p)} \\ \mathbf{0} & \mathbf{R}_T & \mathbf{R}_{22}^* \\ \mathbf{0} & \mathbf{0} & \mathbf{R}_{22}^{**} \end{bmatrix} \qquad (3.12)$$

where $\mathbf{R}_{22}^*$ of size $d \times d$ and $\mathbf{R}_{22}^{**}$ of size $N - dp - d \times d$ are obtained from

multiplication $\begin{bmatrix} \mathbf{R}_{22}^* \\ \mathbf{R}_{22}^{**} \end{bmatrix} = \mathbf{Q}_T^{\mathrm{T}} \mathbf{R}_{22}$.

It can be noticed that the sub-matrix $\mathbf{R}_{22}^{**}$ in the right hand side of equation (3.12) is not an upper diagonal matrix and must be triangularized by a small orthogonal transformation to yield the QR decomposition of the data matrix $\mathbf{K}^{(p+1)}$. This modification evidently does not affect other components of the equation (3.12). Hence the sub-matrices $\mathbf{R}_{11}^{(p+1)}$, $\mathbf{R}_{12}^{(p+1)}$ and $\mathbf{R}_{22}^{(p+1)}$ of model at order $p+1$ are exactly updated:

$$\mathbf{R}_{11}^{(p+1)} = \begin{bmatrix} \mathbf{R}_{11}^{(p)} & \mathbf{T}_1 \\ \mathbf{0} & \mathbf{R}_T \end{bmatrix} ; \ \mathbf{R}_{12}^{(p+1)} = \begin{bmatrix} \mathbf{R}_{12}^{(p)} \\ \mathbf{R}_{22}^* \end{bmatrix} ; \ \mathbf{R}_{22}^{(p+1)} = \mathbf{R}_{22}^{**} \qquad (3.13)$$

Next, the model parameters matrix $\mathbf{\Lambda}^{(p+1)}$ and covariance matrix $\hat{\mathbf{D}}^{(p+1)}$ are updated, as shown in equation (3.5) and (3.6):

$$\mathbf{\Lambda}^{(p+1)} = \left[[\mathbf{R}_{11}^{(p+1)}]^{-1} \mathbf{R}_2^{(p+1)} \right]^{\mathrm{T}} \qquad (3.14)$$

$$\hat{\mathbf{D}}^{(p+1)} = \mathbf{R}_{12}^{(p+1)\mathrm{T}} \mathbf{R}_{12}^{(p+1)} = \mathbf{R}_{12}^{(p)\mathrm{T}} \mathbf{R}_{12}^{(p)} + \mathbf{R}_{22}^{*\mathrm{T}} \mathbf{R}_{22}^* = \hat{\mathbf{D}}^{(p)} + \mathbf{R}_{22}^{*\mathrm{T}} \mathbf{R}_{22}^* \qquad (3.15)$$

Since all transformations are orthogonal, covariance matrix $\hat{\mathbf{E}}^{(p+1)}$ is also updated:

$$\hat{\mathbf{E}}^{(p+1)} = \mathbf{R}_{22}^{(p+1)\mathrm{T}} \mathbf{R}_{22}^{(p+1)} = \mathbf{R}_{22}^{(p)} \mathbf{R}_{22}^{(p)} - \mathbf{R}_{22}^{*\mathrm{T}} \mathbf{R}_{22}^* = \hat{\mathbf{E}}^{(p)} - \mathbf{R}_{22}^{*\mathrm{T}} \mathbf{R}_{22}^* \qquad (3.16)$$

Several observations should now be pronounced:
- With only a small factorization of $\mathbf{R}$ sub-matrices, the model parameters and covariance matrices can be exactly updated to a higher order. This technique is much preferred than the repetitive QR factorization for each order value.

- From the update of covariance matrices, it is noticed that as the model order increases, the estimated signal part $\hat{\mathbf{D}}$ increases and the estimated noise part $\hat{\mathbf{E}}$ decreases monotonically. The changing amount is significant at low orders and negligible at high orders. This feature is thus an idea for a new orders selection criterion as discussed later.

3.6   A new formulation for modal assurance criterion (OMAC)

Once the model parameters are estimated, the state matrix of the system can be established in form of autoregressive parameters (Pandit 1991):

$$\mathbf{\Pi} = \begin{bmatrix} -\mathbf{A}_1 & -\mathbf{A}_2 & \cdots & -\mathbf{A}_{p-1} & -\mathbf{A}_p \\ \mathbf{I} & 0 & \cdots & 0 & 0 \\ 0 & \mathbf{I} & \cdots & 0 & 0 \\ \cdots & \cdots & \cdots & \cdots & \cdots \\ 0 & 0 & \cdots & \mathbf{I} & 0 \end{bmatrix} \tag{3.17}$$

Therefore the eigen-decomposition of the state matrix can be obtained:

$$\mathbf{\Pi} = \mathbf{L} \begin{bmatrix} u_1 & 0 & 0 & 0 \\ 0 & u_2 & 0 & 0 \\ 0 & 0 & \ddots & \vdots \\ 0 & 0 & \cdots & u_{dp} \end{bmatrix} \mathbf{L}^{-1} \tag{3.18}$$

The continuous eigenvalues, natural frequencies, damping rates and complex modes of the system can be computed as follows:

Eigenvalues: $\lambda_i = \dfrac{\ln(u_i)}{T_s}$

Frequencies: $\omega_i = \sqrt{\mathrm{Re}^2(\lambda_i) + \mathrm{Im}^2(\lambda_i)}$

Damping rates: $\xi_i = -\dfrac{\mathrm{Re}(\lambda_i)}{\omega_i}$

$$\tag{3.19}$$

Complex modes: $\mathbf{\Psi} = \begin{bmatrix} \mathbf{\Psi}_1 & \mathbf{\Psi}_2 & \cdots & \mathbf{\Psi}_{dp} \end{bmatrix} = \begin{bmatrix} \mathbf{I} & 0 & \cdots & 0 \end{bmatrix} \mathbf{L}$

In modal analysis, the selection of modes may be realized by using either a modal signal-to-noise classification MSN or the MAC (Modal Assurance

Criterion (Pandit 1991),) which defines the correlation between the identified mode shape vector and a reference vector (extracted from numerical or experimental results). When conducting an operational modal analysis under a noisy environment, the MSN index is still reliable but is difficult to apply because it needs a strict attention on the number of modes selected from the spurious ones and an apriori knowledge about frequency and damping (Pandit 1991) which in fact is not available in output-only modal analysis. Since our algorithm is updated with respect to model order with availability of stabilized diagrams, we propose a new approach of correlation criterion, which we have called OMAC (Order Modal Assurance Criterion). In this new index, the MAC of ith mode is replaced by the correlation of the identified mode shapes given by the model order p and its previous value p-1, formulated as follows:

$$\text{OMAC}_i^{(p)} = \frac{\left| \left[\overline{\mathbf{\Psi}_i^{(p)}} \right]^{\mathrm{T}} \mathbf{\Psi}_i^{(p-1)} \right|}{\sqrt{\left[\overline{\mathbf{\Psi}_i^{(p)}} \right]^{\mathrm{T}} \mathbf{\Psi}_i^{(p)}} \sqrt{\left[\overline{\mathbf{\Psi}_i^{(p-1)}} \right]^{\mathrm{T}} \mathbf{\Psi}_i^{(p-1)}}} \tag{3.20}$$

where $\mathbf{\Psi}_i^{(p)}$ and $\mathbf{\Psi}_i^{(p-1)}$ are the ith identified complex mode shape vector at orders p and p-1 respectively and $\overline{\mathbf{\Psi}_i^{(p)}}$ signifies the conjugated transpose of $\mathbf{\Psi}_i^{(p)}$.

It is seen that the introduction of the OMAC is very convenient with the order updating algorithm since the modes shapes are successively constructed. It becomes easy to check if a stabilized frequency comes from the structural properties when its corresponding OMAC is closed to unity within all considered model orders.

3.7   A new method for order selection and noise estimation

The selection of the optimal model orders is the first step in the model based identification process.   Among the better known methods are the criteria based on the statistical properties of prediction errors $\hat{e}(t)$ and a penalty function such as the Final Prediction Error (FPE) and the Minimum Description Length (MDL) (Lutkepohl 1993). However, some remarks should be tackled:

- These criteria are primarily based on the evolution of the error covariance which monotonically decreases with respect to the model order;
- FPE and its variants asymptotically choose the correct order model if the underlying multiple time series has high dimensions d (Paulsen and Tjostheim 1985), but tend to overestimate the model order as the data length increases (Kashyap 1980);
- MDL and its variants outperform with long recorded data and are strongly consistent when the data length tends to infinite (Hannan 1980).   However, the application of these criteria first requires the selection of a possible interval for the model order to be used, and then an evaluation of model parameters. The selection of the order is made on the basis of minimum variances. It is necessary, therefore, to have a prior evaluation with different orders, which results in a significant computation time.

Other authors (Liang, Wilkes *et al.* 1993), (Smail, Thomas *et al.* 1999) have proposed new approaches derived from the MDL criterion, and based on the minimum eigenvalue of the covariance matrix without prior evaluation. To determine the model order, it is necessary to determine a limiting upper value in order to establish the order of the matrix. However, it is difficult to experimentally determine that value when significant noise is present.

In modal analysis, we must consider not only the error sequence, but also the deterministic part of the signal, since this latter contains the modal information of the system. Based on these facts and to compare to the well-known optimal model criterion MDL, this paper proposes an innovative factor for the selection of the efficient model order p_{eff} based on an analysis of the noise-to-signal ratio (NSR). This order is defined as the smallest order value which can be used to fit the data with a negligible discrepancy and hence can be effectively used for modal analysis. While the MDL criterion considers only the prediction error, the estimated noise-to-signal ratio (NSR) can be defined from the trace norm part of the estimated deterministic and error covariance matrices $\hat{\mathbf{E}}$ and $\hat{\mathbf{D}}$, as defined previously in eq.(3.5), (3.6) and (3.15), (3.16):

$$\hat{NSR} = \frac{\text{Trace}(\hat{\mathbf{E}})}{\text{Trace}(\hat{\mathbf{D}})} \text{ (\%)} \quad \text{or} \quad \hat{NSR} = 10\log_{10}\frac{\text{Trace}(\hat{\mathbf{E}})}{\text{Trace}(\hat{\mathbf{D}})} \text{ (dB)} \quad\quad (3.21)$$

Then a Noise-ratio Order Factor (NOF) is defined as being the variation of the NSR between two successive orders:

$$NOF^{(p)} = NSR^{(p)} - NSR^{(p+1)} \quad\quad (3.22)$$

Since the NSR decreases monotonically with respect to model order, and contains properties of both stochastic (on numerator) and deterministic (on denominator) norms, the NOF is always positive. The NOF is a representative factor for the convergence of the NSR, which changes significantly at low orders and converges at high orders. Since this factor is positive and close to zero, the convergent to zero property can be used to set the selection of efficient model order which is thus easier to do on the curve evolution (Figure 3.1).

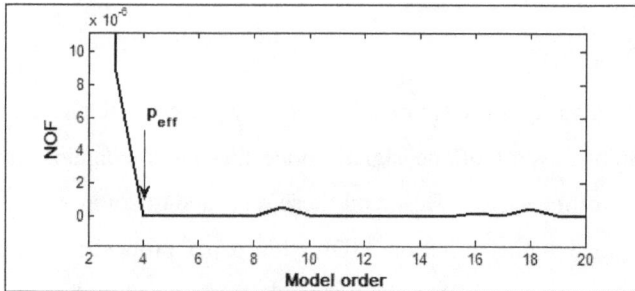

Figure 3.1 NOF evolution and efficient order selection.

3.8 Uncertainty of modal parameters

It is evident that the measurement with unobserved perturbations produces an uncertainty in the parameters estimation and hence on the modal parameters. Therefore, an analysis of confidence intervals of modal parameters should be taken into account. Uncertainty in structural dynamics has been generally introduced and bibliographically reviewed in (Mace, Worden *et al.* 2005) where all experimental modal analysis contributed on non-parametric methods. A recent derivation on variances of modal parameters has been presented in (Pintelon, Guillaume *et al.* 2007) which supposed an availability of the transfer function in the frequency domain.

It is seen that the uncertainty of model and modal parameters can be transferred from the estimation of the least square estimate by differentiation (Neumaier and Schneider 2001). In this paper, since the autoregressive algorithm is updated with respect to model order in the time domain and the efficient order is defined, the explicit confidence intervals of modal parameters are a step further developed with a discussion on their variation with respect to model orders and noise rates.

Consider a real-valued function on the model parameters $h = h(\Lambda)$ which can be a model parameter, a natural frequency, a damping ratio or a component of modes. The confidence interval of function $h(\Lambda)$ can be constructed from the distribution of t-ratio $t = \dfrac{h_\pm}{\hat{\sigma}_h}$ where the estimated error is $h_\pm = \hat{h} - h$ with the estimated variance $\hat{\sigma}_h^2 = Cov(h(\hat{\Lambda}))$ and $N - d^2 p$ degrees of freedom (Lutkepohl 1993), (Neumaier and Schneider 2001). It means that its $\alpha\%$ confidence has the error margin:

$$\hat{h}_\pm = t(N - d^2 p, (1 + \alpha/100)/2)\hat{\sigma}_h \qquad (3.23)$$

The covariance of the estimated function $Cov(h(\hat{\Lambda}))$ can be derived from its linearization at the first derivative truncated Taylor series and is guaranteed to be positive (semi-) definite (Lutkepohl 1993), (Neumaier and Schneider 2001).

$$Cov(h(\hat{\Lambda})) = (\frac{\partial h(\Lambda)}{\partial \Lambda})^T Cov(\hat{\Lambda})(\frac{\partial h(\Lambda)}{\partial \Lambda}) \qquad (3.24)$$

where the covariance matrix of the least squares estimator $Cov(\hat{\Lambda})$ of size $d^2 p \times d^2 p$ is the Kronecker product of the noise covariance matrix and the moment matrix U of size $dp \times dp$ (Lutkepohl 1993) and can be derived as follows:

$$Cov(\hat{\Lambda}) = U^{-1} \otimes \hat{E} = (R_{11}^T R_{11})^{-1} \otimes (R_{22}^T R_{22}) \qquad (3.25)$$

With the t-distribution assumption, the construction of confidence intervals of any function comes down from the computation of its derivative $\dot{h} = \dfrac{\partial h(\Lambda)}{\partial \Lambda}$ with respect to model parameters.

It has been shown in (Neumaier and Schneider 2001) that the derivative of the ith discrete eigenvalue of the state matrix is:

$$\dot{u}_i = (\mathbf{L}^{-1}\dot{\mathbf{H}}\mathbf{L})_{i,i} \tag{3.26}$$

Thus, the derivative of continuous eigenvalues can be derived from equation (3.19):

$$\dot{\lambda}_i = \frac{\dot{u}_i}{u_i T_s} = \frac{(\mathbf{L}^{-1}\dot{\mathbf{H}}\mathbf{L})_{i,i}}{u_i T_s} \tag{3.27}$$

The natural frequencies, damping ratios and their derivatives are calculated in a straightforward manner:

$$f_i = \frac{|\lambda_i|}{2\pi} = \frac{\sqrt{\text{Re}^2\,\lambda_i + \text{Im}^2\,\lambda_i}}{2\pi} \;;\; \dot{f}_i = \frac{\text{Re}\,\lambda_i\,\text{Re}\,\dot{\lambda}_i + \text{Im}\,\lambda_i\,\text{Im}\,\dot{\lambda}_i}{4\pi^2 f_i} \tag{3.28}$$

$$\zeta_i = -\frac{\text{Re}\,\lambda_i}{|\lambda_i|} \;;\; \dot{\zeta}_i = \zeta_i\left(\frac{\text{Re}\,\dot{\lambda}_i}{\text{Re}\,\lambda_i} + \frac{\dot{f}_i}{f_i}\right). \tag{3.29}$$

The real mode shapes matrix $\mathbf{\Theta}$ of size $d \times dp$ are taken from the amplitude and phase of complex eigenvectors given in equation (3.19) and thus the partial derivative of a component of mode shapes $\dot{\mathbf{\Theta}}_{l,i}$ is finally obtained as following:

$$(\mathbf{\Theta}_{l,i})^2 = (\mathbf{\Psi}_{l,i})^2 = \text{Re}^2(\mathbf{L}_{l,i}) + \text{Im}^2(\mathbf{L}_{l,i}) \qquad l = 1, 2, \ldots, d \tag{3.30}$$

$$\left|\mathbf{\Psi}_{l,i}\right|\dot{\mathbf{\Theta}}_{l,i} = \left|\text{Re}(\mathbf{L}_{l,i})\right|\text{Re}(\dot{\mathbf{L}}_{l,i}) + \left|\text{Im}(\mathbf{L}_{l,i})\right|\text{Im}(\dot{\mathbf{L}}_{l,i}) \tag{3.31}$$

where the complex partial derivative $\dot{\mathbf{L}}_{l,i}$ was taken from the derivation of the eigen-decomposition and of the normalization of the modes shapes, as given in (Neumaier and Schneider 2001).

3.9 Application to plate structure and discussions

The method presented above is applied to a clamped-free-clamped-free rectangular steel plate (Vu, Thomas et al. 2007) with dimensions of 500 x 200 x 1.9 mm (Figure 3.2). Material properties are: elastic modulus E = 200 GPa, Poisson coefficient ν = 0.29, and density ρ = 7872 kg/m³. Six accelerometers are mounted on the plates to simultaneously record the responses at the measurement locations.

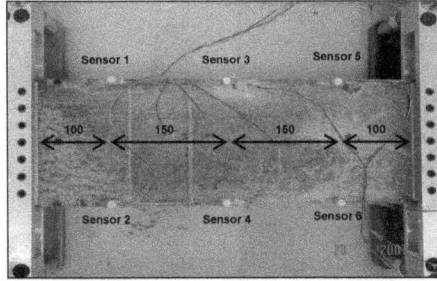

Figure 3.2 Configuration of testing plate.

3.9.1   Numerical simulations

The plate has been numerically excited by assumed impact and random forces. The responses have been computed for the first seven modes till 350 Hz by the modal superposition method and by considering a 1 % damping ratios for all modes. A sampling frequency of 1280 Hz has been applied and no noise has been added on the responses. It can be noticed that the sixth and seventh frequencies are close.   Figure 3.3 shows the NOF factor under the two excitations and it is seen that in both cases, the efficient model order can be clearly identified as 5 under an impact force (Figure 3.3-a), while it is less clear under a random force (Figure 3.3-b).

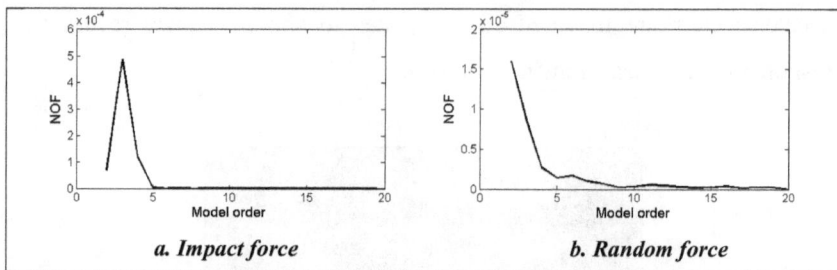

Figure 3.3 NOF on simulated data.

The stabilization diagrams in Figure 3.4 show the first seven natural frequencies, with good accuracy for both excitations even if some frequencies are close (6th and 7th). However, we must notice that a random excitation produces a higher variance for the identification, particularly at these two close frequencies (Figure 3.4-b and Table 3.1). The identification of damping is good for both excitations except at the 7th mode, where the result is erroneous due to the proximity of the 6th frequency.

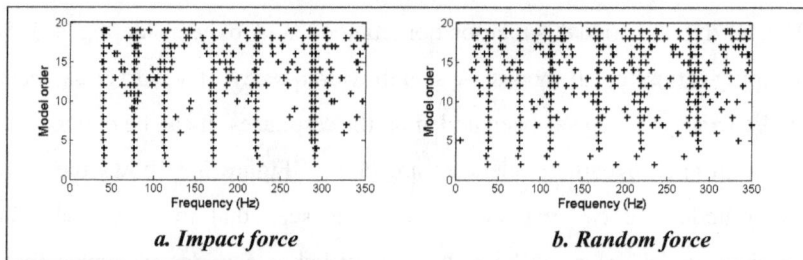

Figure 3.4 Frequency stabilization diagram on simulated data.

Table 3.1 compares the first seven modal parameters of the plate as simulated by Ansys and those identified, when no noise is added.

Table 3.1 Identified modal parameters

Mode	1	2	3	4	5	6	7
Simulated frequencies (Hz)	40.8	77.5	112.9	172.3	222.9	290.4	294.4
Simulated damping rate	1.0 %	1.0 %	1.0 %	1.0 %	1.0 %	1.0 %	1.0 %
Identified frequencies (Hz) Impact force	40.78	77.5	112.8	171.6	221.5	287.4	291.3
Identified damping rate Impact force	1.0 %	1.0 %	1.0 %	1.0 %	1.1 %	1.1 %	1.1 %
Identified frequencies (Hz) Random force	39.7	75.7	112.3	169.7	218.8	278.1	286.5
Identified damping rate Random force	1.9 %	0.7 %	0.6 %	0.6 %	0.6 %	1.0 %	0.2 %

3.9.2 Real structure testing

The same plate has been experimentally excited with an uncontrolled shock, and the excitation force and location have not been considered. The responses at the six locations have been simultaneously acquired (Figure 3.5) and sampled at a frequency of 1280 Hz. We can see from the figure that the transient response has been perturbed by a second excitation. Despite this unexpected perturbation, the entire signal of 4000 samples has been considered. Furthermore, several additive random white noises (1 % to 400 % of the rms signal) have been numerically added to each measurement channel for the assessment of noise effect.

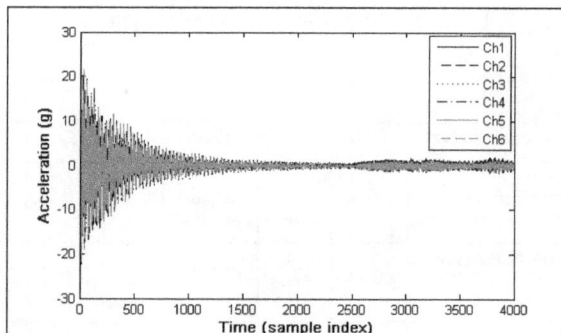

Figure 3.5 Real testing data.

3.9.2.1 Model order selection and noise rate estimation

In order to select an efficient model order for the system at different noise rates, the method described earlier has been used. Figure 3.6 presents the evolution of the NOF factor at different noise rates. It can be observed that the efficient order of the system can be set close to 6 whatever the noise rate.

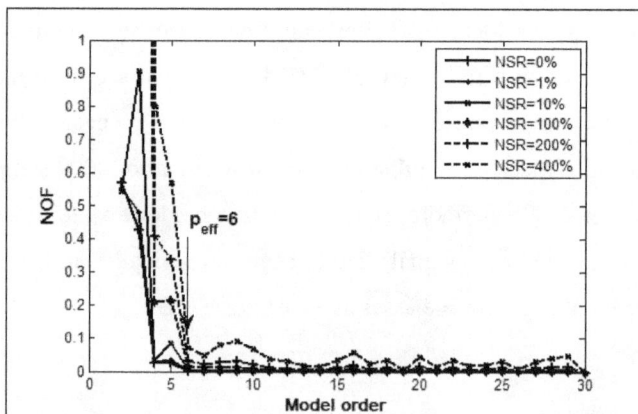

Figure 3.6 NOF evolution at different noise rates.

To check the efficiency of the NOF method, the results have been compared to the MDL criterion (Lutkepohl 1993). Figure 3.7 exhibits the comparison of NOF and MDL at very low noise rate (Figure 3.7-a, NSR = 1 %) and very high noise rate (Figure 3.7-b, NSR = 400 %). It can be noticed that MDL gives the order between 11 and 4 respectively with the noise rate while the NOF is found at order 6, regardless the noise rate.

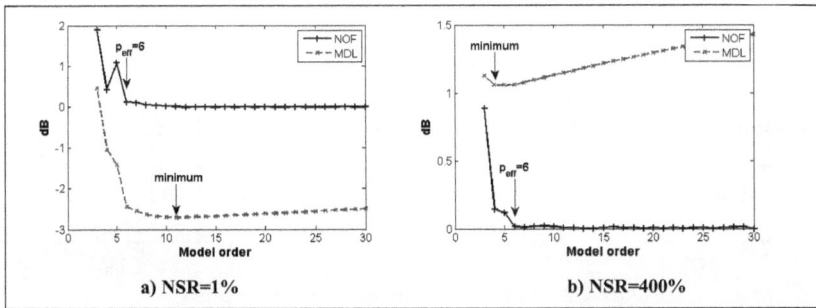

a) NSR=1%   b) NSR=400%

Figure 3.7 Comparison NOF and MDL.

In fact, there is a good agreement between NOF and MDL in moderate noise environment, but the MDL may overestimate the order with noisy-free data and underestimate the order at very high noise levels. Since we are looking for a criterion which is stable regardless the noise level, the proposed NOF factor revealed thus better than MDL for order selection in a wide range of noise environment.

Table 3.2 shows the comparison of model orders, computed from MDL and NOF methods and the estimation of noise at different additive noises levels, computed from equation (3.21).

The computational order p_{com} shown in Table 3.2 can be selected greater or equal to the efficient order p_{eff}. The p_{com} has been selected from a threshold of the uncertainty on modal parameters as it is described later. As expected, it is shown that the computational order increases with the noise level.

Table 3.2 Selection of orders and noise rate estimation

Simulated noise rate (NSR)	0 %	1 %	10 %	100 %	200 %	400 %
Estimated noise rate (%)	0.03	1.20	10.52	102.1	201.2	386.5
Efficient order p_{eff} from NOF	6	6	6	6	6	6
Optimal order from MDL	21	11	6	6	6	4
Computational order p_{com}	9	12	12	12	14	14

3.9.2.2 Selection of modes and modal parameters identification

Consider the case with a noise rate of 100 %. For an assessment of model orders, a frequency stabilization diagram is constructed from order 2 to 30 (Figure 3.8). It is seen in agreement with NOF that model order 6 is the smallest required for the stabilization of all natural frequencies. Seven interested natural frequencies of the Table 3.1 can distinctly be identified on the stabilization. However, one can wonder on the output-only point of view if the frequency at 120 Hz is a real frequency or not.

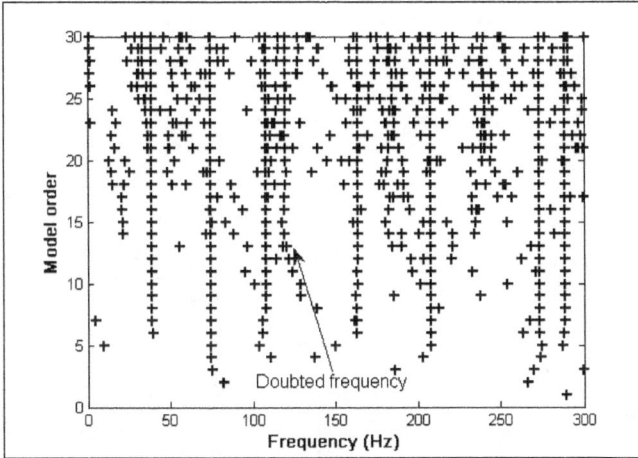

Figure 3.8 Frequency stabilized diagram at NSR=100 %.

For the effective selection of computational order and structural modes, stabilized diagrams of the corresponding prospective frequencies and damping rates with their 95 % confidence interval are constructed in Figure 3.9. The OMAC for those frequency candidates are plotted in Figure 3.10.

.

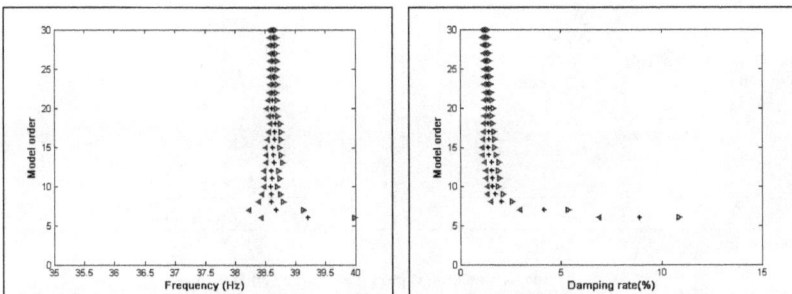

a) Modal parameter 1 at 39 Hz

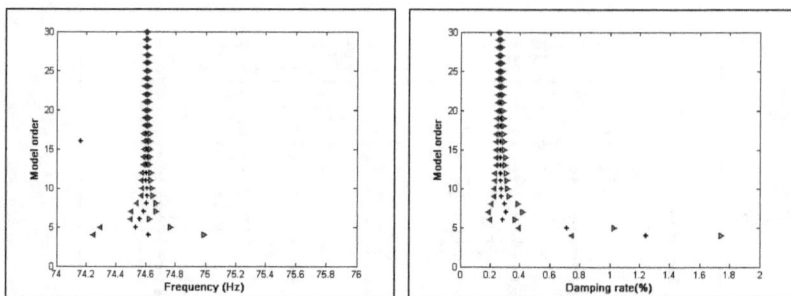

b) Modal parameter 2 at 74 Hz

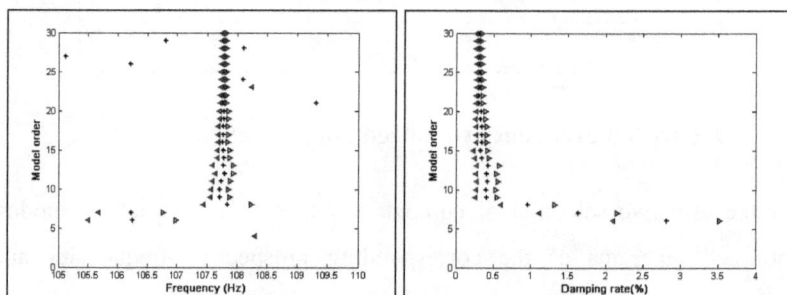

c) Modal parameter 3 at 108 Hz

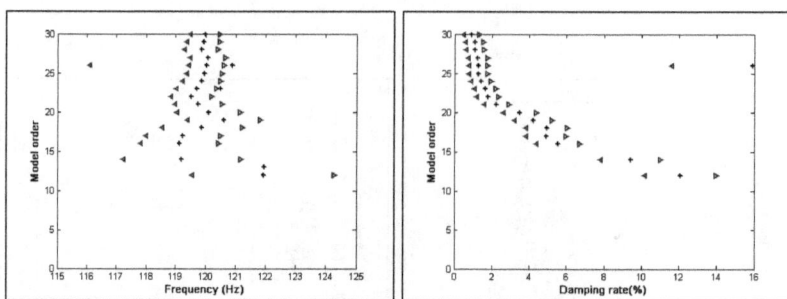

d) Suspicious modal parameter 4 at 120 Hz

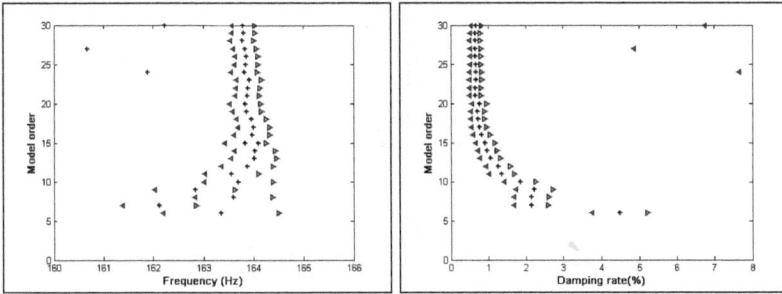

e) Modal parameter 5 at 164 Hz

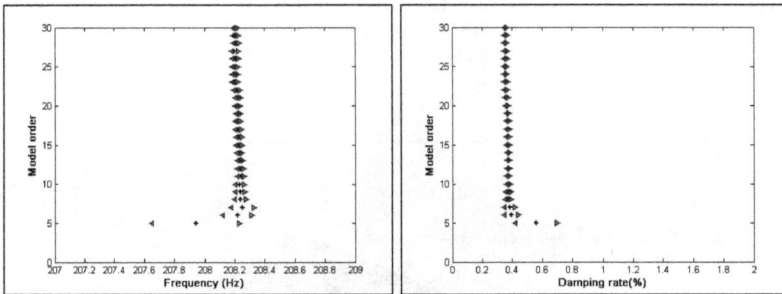

f) Modal parameter 6 at 208 Hz

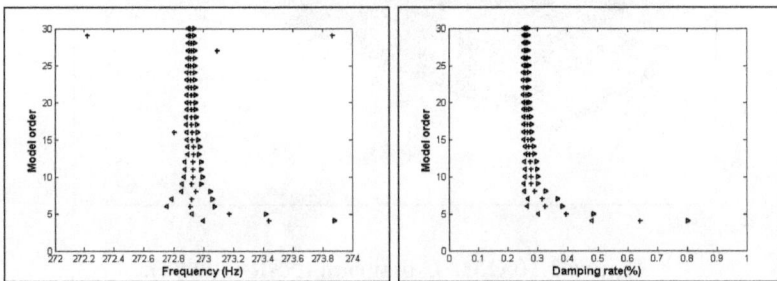

g) Modal parameter 7 at 273 Hz

70

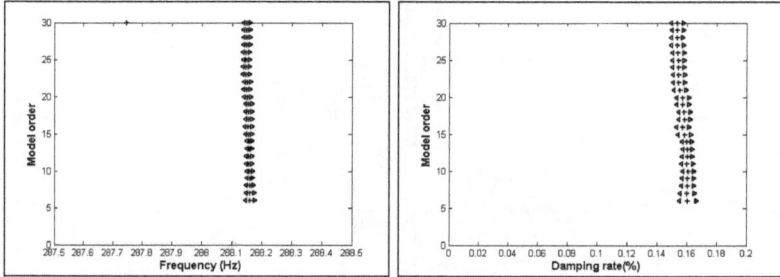

h) Modal parameter 8 at 288 Hz

Figure 3.9 Modal parameters identification with confidence intervals (NSR=100 %).

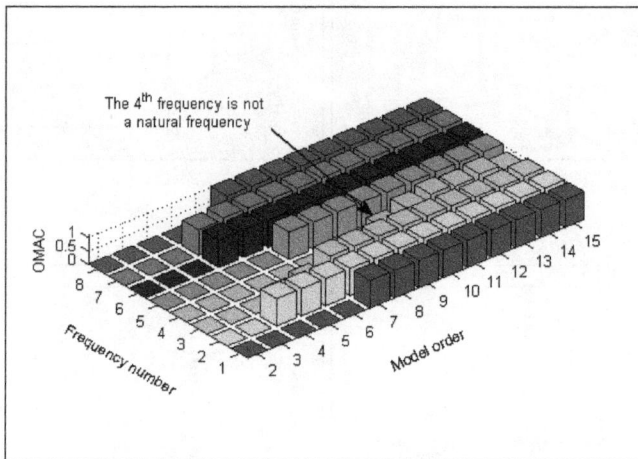

Figure 3.10 OMAC diagram (NSR=100 %).

Several discussions may be made:

- On the frequency stabilization diagram, a natural frequency must be stable from the minimum order, since the identified part of the signal does not change significantly above this order value.

- A stable frequency belongs to a mode if its damping rate takes a non-zero positive stable value on the diagram and if the OMAC is closed to unity above the efficient order. Otherwise, it must belong to a harmonic excitation (zero damping) or to a computational frequency. The destabilizations of OMAC, frequency and damping reveal that the doubtful frequency at 120 Hz (Figure 3.9-d) is not a natural frequency (and can be due to electrical perturbation or computational mode).

- Even by considering a NSR of 100 %, the results show that the confidence intervals converge to the right value at high orders, and give us the uncertainty of the estimation (such as at the 5th frequency (Figure 3.9-e) that presents a relatively large uncertainty). By considering an acceptable uncertainty (threshold), a computational order p_{com} may thus be selected for the modal parameter identification. Similar conclusions were found for other simulated noise rate cases (Table 3.1).

Table 3.3 shows the results of modal parameter identification (frequency in Hz and damping rate in %) of the seven structural modes selected at the corresponding computational order with their 95 % confidence interval, for different noise rates ranging from 0 % to 400 %. It is found that:

- Whatever the noise rate, the modal parameters are accurately identified at the computational order.

- When the noise rate changes, the modal parameters and their confidence intervals are considered to be stable which proves the performance of the proposed method even in a noisy environment.

- The confidence intervals of frequencies are relatively much smaller than those of damping ratios. This explains the reliability on identification of frequency compared to the damping.

Table 3.3 Identified modal parameters with their 95 % confidence intervals

Mode		Mode 1	Mode 2	Mode 3	Mode 4	Mode 5	Mode 6	Mode 7
NSR=0% (P_{com}=9)	Frequency/	38.6/	74.6/	107.7/	162.9/	208.2/	273.0/	288.2/
	confidence	0.04	0.03	0.14	0.78	0.02	0.06	0.01
	Damping/	1.29/	0.27/	0.40/	2.19/	0.36/	0.26/	0.18/
	confidence	0.11	0.05	0.13	0.47	0.01	0.02	0.005
NSR=1% (P_{com}=12)	Frequency/	38.6/	74.6/	107.8/	163.9/	208.2/	273.0/	288.2/
	confidence	0.09	0.2	0.14	0.51	0.018	0.06	0.13
	Damping/	1.47/	0.27/	0.4/	1.24/	0.37/	0.26/	0.21/
	confidence	0.24	0.03	0.13	0.31	0.01	0.02	0.05
NSR=10% (P_{com}=12)	Frequency/	38.6/	74.6/	107.8/	163.9/	208.2/	273.0/	288.2/
	confidence	0.11	0.03	0.14	0.52	0.018	0.07	0.18
	Damping/	1.54/	0.27/	0.4/	1.26/	0.37/	0.27/	0.23/
	confidence	0.3	0.04	0.13	0.32	0.01	0.03	0.06
NSR=100% (P_{com}=12)	Frequency/	38.6/	74.6/	107.8/	163.9/	208.2/	273.0/	288.2/
	confidence	0.12	0.02	0.1	0.4	0.02	0.07	0.19
	Damping/	1.44/	0.27/	0.36/	0.89/	0.37/	0.27/	0.24/
	confidence	0.3	0.03	0.09	0.25	0.01	0.03	0.06
NSR=200% (P_{com}=14)	Frequency/	38.6/	74.6/	107.8/	163.9/	208.2/	273.0/	288.2/
	confidence	0.12	0.02	0.1	0.4	0.02	0.05	0.13
	Damping/	1.44/	0.27/	0.36/	0.89/	0.37/	0.27/	0.21/
	confidence	0.31	0.03	0.09	0.25	0.01	0.02	0.04
NSR=400% (P_{com}=14)	Frequency/	38.6/	74.6/	107.8/	163.9/	208.2/	273.0/	288.2/
	confidence	0.12	0.02	0.1	0.4	0.02	0.05	0.13
	Damping/	1.44/	0.27/	0.36/	0.89/	0.37/	0.27/	0.21/
	confidence	0.31	0.03	0.1	0.25	0.01	0.02	0.04

Figure 3.11 plots the seven scaled mode shapes identified with a noise rate NSR=100 % versus the mode shapes numerically computed by finite

element method and the corresponding MAC factors. In the left figures, the mode shapes are represented and interpolated from the deformation of the six sensor locations (on grid lines) while the confidence intervals are displayed by the darkness. The MAC is computed for each mode in order to compare with numerical results. It is found that even if the signal is perturbed by a very high noise rate and some modes are close, each identified mode shape is corresponding to an analytical one. As expected, the seventh and higher mode shapes are not well identified because of the limitation of the sensor number.

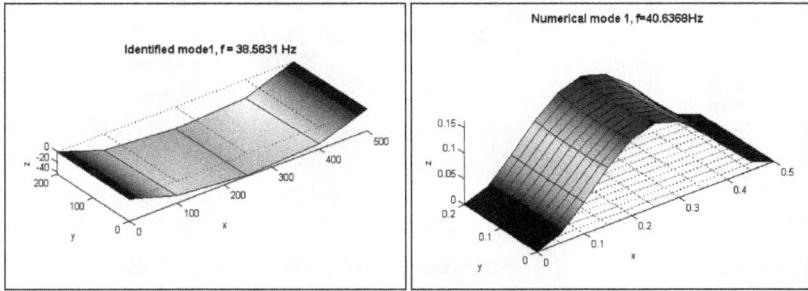

a) Mode shape 1, MAC=0.906

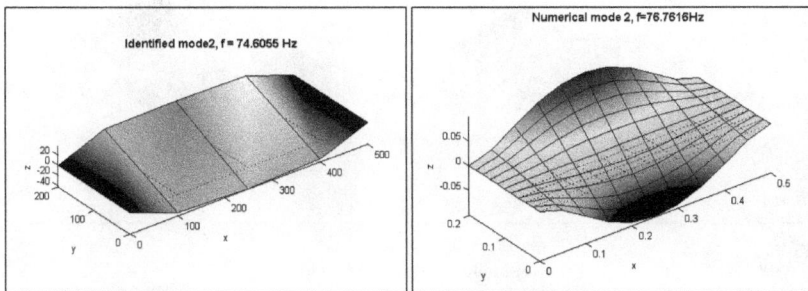

b) Mode shape 2, MAC=0.945

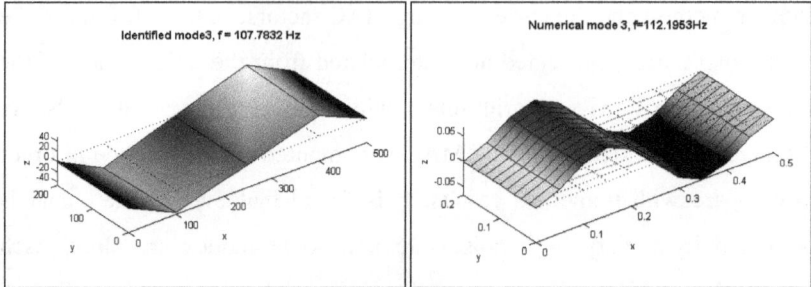

Identified mode3, f = 107.7832 Hz

Numerical mode 3, f≈112.1953Hz

c) Mode shape 3, MAC=0.998

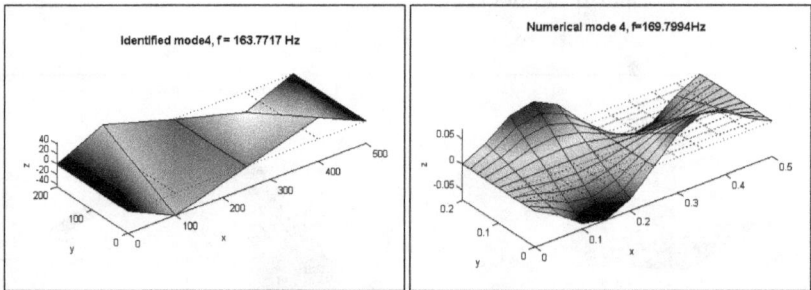

Identified mode4, f = 163.7717 Hz

Numerical mode 4, f≈169.7994Hz

d) Mode shape 4, MAC=0.999

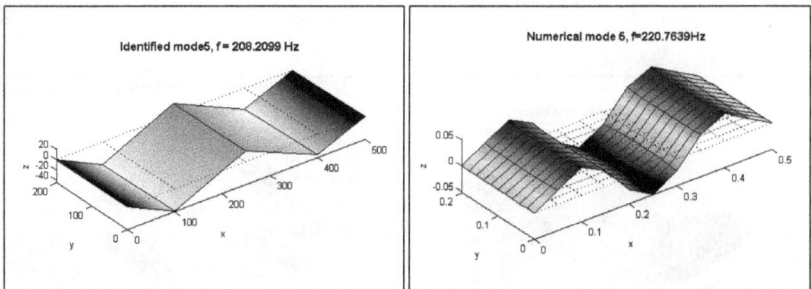

Identified mode5, f = 208.2099 Hz

Numerical mode 5, f≈220.7639Hz

e) Mode shape 5, MAC=0.615

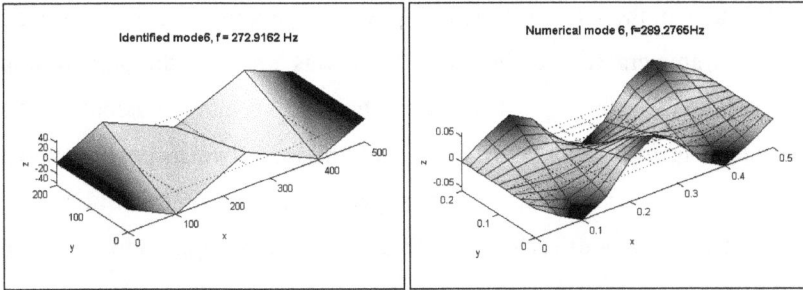

f) Mode shape 6, MAC=0.966

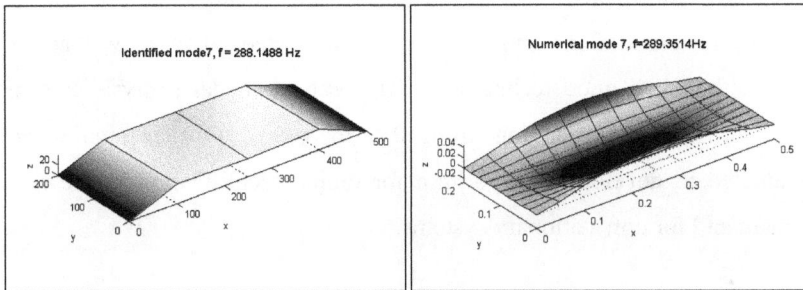

g) Mode shape 7, MAC=0.244

Figure 3.11 Mode shape identification at NSR=100 % and by FEA.

3.10 Conclusion

An operational modal analysis based on a multivariable autoregressive model is presented with the ability of computing the uncertainty on modal parameters identification of selected modes, after updating and selecting efficient model orders. The least squares implemented in the form of QR factorization of the data matrix produces a fast, conditioned and convenient algorithm for updating. A new factor called the Noise rate Order Factor (NOF), based on the separation of the deterministic and stochastic parts, has been introduced for the selection of an efficient model order from which the modal parameters converge. It is seen that, compared to the

MDL method, the NOF is more stable with respect to noise and hence the modal parameters start to be stable from this order in the stabilization diagrams. Since the model order is updated, a new version of the correlation factor called OMAC is derived between two successive model orders for a better selection of structural modes. Furthermore, the confidence intervals of each natural frequency and damping ratio are added to the modal parameters on the stabilization diagram. The uncertainty on modes is also constructed. Computational model order can be chosen from acceptable confidence intervals for automatic identification of modal parameters. Simulations and experiments on a steel plate show that this new method is a good technique for operational modal analysis even in noisy environments ranging from 0% to 400%. Further studies are conducted to develop the algorithm for online identification in the time domain and for non stationary systems.

3.11   Acknowledgement

The support of NSERC (Natural Sciences and Engineering Research Council of Canada), through Research Cooperative grants is gratefully acknowledged. The authors would like to thank Hydro-Quebec Research Institute for their collaboration.

3.12   Reference

[1]. Maia N.M.M. and Silva J.M.M., *Modal analysis identification techniques*. Royal society. No359-2001, 2001, pp: 29-40.

[2]. Thomas M., Abassi K., Lakis A. A. and Marcouiller L., *Operational modal analysis of a structure subjected to a turbulent flow*. Proceeding of the 23rd Seminar on machinery vibration, Canadian Machinery Vibration Association, Edmonton, AB, October 2005, 10p.

[3]. Jacobsen N-J., Andersen P. and Brincker R., *Using Enhanced Frequency Domain Decomposition as a Robust Technique to handle Deterministic Excitation in Operational Modal Analysis*. Proceedings of International operational modal analysis conference (IOMAC 2007). Copenhagen, Denmark, 4 (2007), pp: 193-200.

[4]. Hermans L. and Van der Auweraer H., *Modal testing and analysis of structures under operational conditions: Industrial applications*. Mechanical Systems and Signal Processing 13(2), 1999, pp: 193-216.

[5]. Vu V.H., Thomas M. and Lakis A.A., *Operational modal analysis in time domain*. Proceedings of the 24th Seminar on machinery vibration, Canadian Machinery Vibration Association, ISBN 2-921145-61-8, Montréal, 2006, pp: 330-343.

[6]. Vu V.H., Thomas M., Lakis A.A. and Marcouiller L., *A time domain method for modal identification of vibratory signal*, Proceedings of the 1st international conference on industrial risk engineering CIRI, Montreal, ISBN 978-2-921145-65-7, December 2007, pp: 202- 218.

[7]. Ibrahim, S.R. and Mikulcik E.C., *Method for the direct identification of vibration parameters from the free responses*. Shock and Vibration Bulletin, 1977 (47), pp: 183-198.

[8]. Brown, D.L., Allemang, R.J., Zimmerman, R.D., Mergeay, M., *Parameter Estimation Techniques for Modal Analysis*. SAE Paper No. 790221, SAE Transactions, Vol. 88, 1979, pp: 828-846.

[9]. Peeters, B., *System identification and damage detection in civil engineering*. PhD thesis, K.U Leuven, Belgium, 2000, 256p.

[10]. Mohanty P. and Rixen D. J., *Operational modal analysis in the presence of harmonic excitation*. Journal of Sound and Vibration, Volume 270, Issues 1-2, 6, February 2004, pp: 93-109.

[11]. Mohanty P. and Rixen D. J., *Modified SSTD method to account for harmonic excitations during operational modal analysis*. Mechanism

and Machine Theory, Volume 39, Issue 12, December 2004, pp: 1247-1255.

[12]. Mohanty P. and Rixen D. J., *A modified Ibrahim time domain algorithm for operational modal analysis including harmonic excitation*. Journal of Sound and Vibration, Volume 275, Issues 1-2, 6, August 2004, pp: 375-390.

[13]. Gagnon M., Tahan S.-A., Coutu A. and Thomas M., *Operational modal analysis with harmonic excitations: application to a hydraulic turbine*. Proceedings of the 24th Seminar on machinery vibration, Canadian Machinery Vibration Association, ISBN 2-921145-61-8, Montréal, 2006, pp: 320-329.

[14]. Pandit S.M., *Modal and spectrum analysis: data dependent systems in state space*. New York, N.Y., J. Wiley and Sons, 1991, 415p.

[15]. Gonthier F., Smail M. and Gauthier P.E., *A time domain method for identification of dynamic parameters of structures*. Mechanical systems and signal processing, 7(1), 1993, pp: 45-56.

[16]. Andersen P., *Identification of Civil Engineering Structures using Vector ARMA Models*. PhD thesis, Aalborg University, 1997, 244p.

[17]. Smail M., Thomas M. and Lakis A.A., *ARMA models for modal analysis: effect of model order and sampling frequency*. Mechanical Systems and Signal Processing, 1999. 13(6), pp: 925-941.

[18]. Vu V.H., Thomas M., Lakis A.A. and Marcouiller L., *Identification of modal parameters by experimental operational modal analysis for the assessment of bridge rehabilitation*. Proceedings of International operational modal analysis conference (IOMAC 2007). Copenhagen, Denmark, April 2007, pp: 133-142.

[19]. Ljung L., *System Identification - Theory For the User*. Prentice Hall, Upper Saddle River, N.J., 1999, 609p.

[20]. Kadakal U. and Yuzugullu O., *A comparative study on the identification methods for the autoregressive modelling from the ambient vibration records*. Soil Dynamics and Earthquake Engineering, 15(1), 1996, pp: 45-49.

[21]. He X. and De Roeck G., *System identification of mechanical structures by a high-order multivariate autoregressive model*. Computers & Structures, 64 (1-4), 1997, pp: 341-351.

[22]. Huang C.S., *Structural identification from ambient vibration measurement using the multivariate AR model*. Journal of Sound and Vibration, 241(3), 2001, pp: 337-359.

[23]. Li C. S., Ko W. J., Lin H. T., Shyu, R. J., *Vector Autoregressive Modal Analysis With Application To Ship Structures*, Journal of Sound and Vibration, Volume 167, Issue 1, 1993, pp: 1-15.

[24]. Bjorck A., *Numerical Methods for Least Squares Problems*. Society for Industrial and Applied Mathematics, Philadelphia, PA, 1996, 408p.

[25]. Golub G. & Van Loan C., *Matrix computations, third edition*. The Johns Hopkins University Press, London, 1996, 694p.

[26]. Cipra B.A., *The Best of the 20th Century: Editors Name Top 10 Algorithms*. SIAM News, Volume 33, Number 4, 2000, pp: 1-2.

[27]. Allemang R.J. and Brown D.L., *A correlation coefficient for modal vector analysis*. Proceedings of the First International Modal Analysis Conference, Orlando, November 1982, pp: 110–116.

[28]. Lutkepohl H., *Introduction to Multiple Time Series Analysis (2nd ed.)*. Springer-Verlag, Berlin, 1993, 545p.

[29]. Paulsen J. and Tjostheim D. *On the estimation of residual variance and order in autoregressive time series*. J. Roy. Statist. Soc., B 47, 1985, pp: 216-228.

[30]. Kashyap R. L., *Inconsistency of the AIC Rule for estimating the order of autoregressive Models*. IEEE Transactions on Automatic Control, AC-25, 1980, pp: 996-998.

[31]. Hannan E. J., *The estimation of the order of an ARMA process*. The Annals of Statistics, vol. 8, no 5, 1980, pp: 1071-1081.

[32]. Gang Liang, Wilkes D. M. & Cadzow J. A., *ARMA Model Order Estimation Based on the Eigenvalues of Covariance Matrix*. Transactions on Signal Processing, Vol. 41, No 10, (1993), pp: 3003-3009,

[33]. Smail M., Thomas M. and Lakis A. A., *Assessment of optimal ARMA model orders for modal analysis*. Mechanical Systems and Signal Processing. 13(5), 1999, pp: 803-819.

[34]. Mace B. R., K. Worden and G. Manson, *Uncertainty in structural dynamics*, Journal of Sound and Vibration 288(3), 2005, pp: 423-429.

[35]. Pintelon R., P. Guillaume and J. Schoukens, *Uncertainty calculation in (operational) modal analysis*, Mechanical Systems and Signal Processing 21(6), 2007, pp: 2359-2373.

[36]. Neumaier A. and Schneider T., *Estimation of parameters and eigenmodes of multivariate autoregressive models*. ACM Trans. Math. Softw. 27, 2001, pp: 27-57.

[37]. Vu V.H., Thomas M., Lakis A.A. and Marcouiller L., *Multi-autoregressive model for structural output only modal analysis*. Proceedings of the 25th Seminar on machinery vibration, Canadian Machinery Vibration Association, St John, Canada, October 2007, pp: 41.1-41.20.

CHAPITRE 4

PRÉSENTATION DE L'ARTICLE: *'SPECTRUM IDENTIFICATION FROM OPERATIONAL MODAL ANALYSIS IN FREQUENCY DOMAIN'*

4.1   Résumé

Ce chapitre montre un article qui a été soumis pour publication dans la revue JOURNAL OF SOUND AND VIBRATION (JSV).

Les travaux de cet article montrent une méthode qui permet de montrer automatiquement un spectre moyenné sur plusieurs capteurs, afin d'identifier les fréquences communes à partir de l'analyse modale en opération avec plusieurs canaux. Un modèle autorégressif à variable multiple est présenté. Les paramètres du modèle sont estimés par les moindres carrés via l'implémentation de la décomposition QR. L'ordre minimal du modèle p_{eff} à partir duquel sont révélés tous les modes structuraux est déterminé quelque soit le bruit. Cet ordre est déterminé à partir de la convergence du rapport signal sur bruit global (SNR). À partir de cet ordre, les modes sont classifiés en ordre croissant et les modes structurels sont identifiés au début de l'index DMSN, à partir d'un changement significatif de cet index. Ceci permet la détermination du nombre de fréquences contenues dans une gamme de fréquence d'intérêt. A partir de là, une procédure d'automation d'identification modale est réalisée. La matrice multi-spectrale est construite à partir de ces modes choisis avec l'introduction d'un facteur amplificateur de puissance modale, afin d'obtenir un spectre très lisse et équilibré avec la présence de tous les pics même quand ils sont proches. La méthode proposée a été appliquée sur des simulations numériques à plusieurs degrés de liberté et aussi expérimentalement sur une structure réelle. Les résultats montrent le potentiel d'automatiser l'analyse modale en vue de l'auscultation des structures.

Mots clés : Identification modale, model autorégressif vecteur, Ordre structural du modèle, Décomposition QR, Estimation spectrale.

4.2 Abstract

A method for automatically identify the spectrum and modal parameters from an operational modal analysis using multi sensors is developed. A multivariate autoregressive model is presented and the model parameters are estimated by least squares via the implementation of QR factorization. The minimum model order p_{eff} from which all available physical modes are revealed and which is independent of noises is found. This so called efficient model order is selected from a global order-wise signal to noise ratio index (SNR) after convergence. At this model order or higher, the modes are classified from a descending damped modal signal to noise (DMSN) criteria. Being classified in decreasing order, the physical modes are easily identified. A significant change of the DMSN index allows for determination of the number of physical modes in a specific frequency range and thus, an automation procedure for identifying these modal parameters can be developed. Furthermore, the multispectral matrix can be constructed from these selected modes, with the introduction of a powered amplification factor, to provide a smooth, balanced noise-free spectrum with all available peaks even when they are close. The proposed method has been performed on simulated multi degree of freedom systems and on a real structure showing a highly applicable potential for automatic operational modal analysis and structural health monitoring.

Keywords: Modal identification; vector-autoregressive model; structural model order; QR factorization; spectrum estimation.

4.3   Nomenclature

$\mathbf{A}_i$	Matrix of parameters relating the output $\mathbf{y}(t-i)$ to $\mathbf{y}(t)$
$\mathbf{c}_i$	Modal participant matrix of ith eigenvalue
d	Dimension or number of sensors
$\mathbf{d}_i$	Spectral participant matrix of ith eigenvalue
$\hat{\mathbf{D}}$	Estimated covariance matrix of the deterministic part
e	Euler's number
$\mathbf{e}(t)$	The residual vector of all output channels
$\hat{\mathbf{E}}$	Estimated covariance matrix of the error part
$\mathbf{I}$	Unity matrix
j	Imaginary unit
k	Sample index
$\mathbf{K}$	Data matrix
$\mathbf{l}_i$	Complex modal vector
$\mathbf{L}$	Complex eigenvectors matrix
n	Number of physical (deterministic) modes
N	Number of available data samples
p	Model order
p_{eff}	Efficient (minimum required) model order
$\mathbf{P}(\omega)$	Power spectral matrix
$\mathbf{Q}$	Orthogonal factor matrix of the QR factorization
$\mathbf{R}$	Upper-diagonal factor matrix of the QR factorization
$\mathbf{R}_{ij}$	Submatrices of $\mathbf{R}$
$\mathbf{s}$	Vector of modal scale factors

$\mathbf{S}_{ij}$	Submatrices of matrix $\mathbf{L}^{-1}$
t	Time index
T_s	Sampling period
$\mathbf{y}(t-i)$	The output vector with time delay $i \times T_s$
$\mathbf{Y}(z)$	Z-transform of output vector
$\mathbf{z}(t)$	The regressor for the output vector $\mathbf{y}(t)$
θ	Imaginary part of the continuous eigenvalue
λ_i	Discrete complex eigenvalue
$\mathbf{\Lambda}$	Model parameters matrix
π	Pi number
σ	Real part of the continuous eigenvalue
ω	Angular frequency
$\mathbf{\Pi}$	State matrix
H	Hermitian transpose
^	Estimated value
| |	Absolute value
Trace(...)	Trace norm of a matrix
DOF	Degree of freedom
DMSN	Damped Modal Signal-to-Noise ratio
MP	Continuous modal power of a mode
MSN	Modal Signal-to-Noise ratio
MV	The real modal variance of a mode
NOF	Noise-rate Order Factor
NSR	Noise-to-Signal Ratio
QR	QR factorization

4.4   Introduction

Modal analysis is an effective tool in structural health monitoring and machinery diagnosis (Bodeux and Golinval 2001), (Smail, Thomas *et al.* 1999). Recent researches have reported the need to develop automatic modal analysis and parameter estimation algorithms, in order to help industry to improve the dynamic design (Magalhães, Cunha *et al.* 2009), (Peeters, Lau *et al.* 2008), (Vanlanduit, Verboven *et al.* 2003). When the structure exhibits a non linear behaviour, modal analysis must be conducted in the operational conditions and consequently, operational modal analysis has been developed from only the measurement of responses, which is of a great help in industrial applications when the excitation forces are unknown or cannot be measured (Vu, Thomas *et al.* 2007), (Zhang, Zhang *et al.* 2005), (Huang and Lin 2001), (Larbi and Lardies 2000), (Juang and Pappa 1985). However, in real industrial applications, the noisy environment can perturb the data and affects the accuracy of modal identification. Furthermore, harmonic excitations (Gagnon, Tahan *et al.* 2006) and computational frequencies can also create spurious modes that affect the interpretation of results.

Output only modal analysis using autoregressive and state space models has been   conducted in mechanical applications such as fluid-structure interaction structures (Vu, Thomas *et al.* 2007), (Thomas, Abassi *et al.* 2005) and civil large scale structures, such as bridges (Vu, Thomas *et al.* 2007). Modal analysis by state space models deals with the identification of poles and zeros of the underlying state models which are constructed from the recorded data. Consequently, the number of eigenvalues and eigenvectors therefore depends strictly on the model order (Lardies and Larbi 2001), (Smail, Thomas *et al.* 1999), (Smail, Thomas *et al.* 1999) and state vector dimension which can be roughly high. Stabilization diagrams (Allemang 1999) are usually used for selecting the natural frequencies from the other spurious ones by iteratively computing the eigenvalues on a range of orders. However, this method can be time consuming and the interpretation of diagrams is not an easy task when the signal is very noisy. In order to help the interpretation, another index called the modal signal to noise ratio (MSN) (Abdel Wahab and De Roeck 1999), (Pandit 1991) has been developed to identify the modal contribution of each mode in the unnoised part of signal (Zhang, Zhang *et al.* 2005), but the number of structural modes remains unknown. The correlation criterion MAC (Huang and Lin 2001), (Allemang and Brown 1982) is an alternative for selecting the modes but using this index is rather a check than a determination of structural modes.

In this paper, we present a method for automatically classifying the modes and identifying the modal parameters. A new index for the selection of an efficient model order that allows for discriminating all available modes is described. This index is constructed from a global order-wise noise to signal ratio and its convergence is independent of noise. The eigenvalues are ranked by decreasing order to discriminate physical modes from computational modes A new damped modal signal to noise ratio (DMSN) criteria associated with the damping rate values is used for discrimination. The physical modes are automatically determined when a significant change can be obviously found on the DMSN and damping rate evolutions. In order to improve the user-friendly automatic identification of natural frequencies, the spectra have been denoised. In state space modeling, the spectra can be computed either from the signal-noise separation, the transfer function or the spectral decomposition. Early, Akaike (Akaike 1969) had computed the power spectra through an autoregressive modeling. Several general techniques had been developed on multichannel spectrum (Vaataja, Suoranta *et al.* 1994) or improving the resolution of the spectra (Quirk and Liu 1983). Specifically, (Kumazawa 1994) proposed a method to produce noise free frequency spectrum signals of autoregressive models by using the sine and cosine components of the signal which are $\pi/2$ out of phase. In this paper, the denoised spectrum is constructed from the spectral decomposition of the above selected structural modes. The formulation from the transfer function produces the multichannel spectral matrices which are Hermitian and free of noise. Furthermore, the introduction of a powered amplification factor on each individual spectrum can exhibit a smooth and balanced spectrum with all available peaks even close.

4.5   Multivariate autoregressive modelling

In operational modal analysis, we assume that the excitation is unknown and may be modeled by a Gaussian white noise. As the modal analysis is conducted by using several d channels of measurements, synchronized for data acquisition at a sampling period T_s, a Multivariate Auto-Regressive (MAR) model of pth order and of dimension d can be utilized to fit the measured data (Vu, Thomas *et al.* 2007).

$$\mathbf{y}(t) = \mathbf{\Lambda z}(t) + \mathbf{e}(t) \tag{4.1}$$

where : $\mathbf{\Lambda} = \begin{bmatrix} -\mathbf{A}_1 & -\mathbf{A}_2 & ... & -\mathbf{A}_p \end{bmatrix}$ size $d \times dp$ is the parameter matrix

$\mathbf{A}_i$ size $d \times d$ is the matrix of parameters relating the output $\mathbf{y}(t-i)$ to $\mathbf{y}(t)$

$\mathbf{z}(t)$ size $dp \times 1$ is the regressor for the output vector $\mathbf{y}(t)$,

$\mathbf{z}(t)^T = \begin{bmatrix} \mathbf{y}(t-1)^T & \mathbf{y}(t-1)^T & ... & \mathbf{y}(t-1)^T \end{bmatrix}$

$\mathbf{y}(t-i)$ size $d \times 1$ $(i=1:p)$ is the output vector with delays time $i \times T_s$

$\mathbf{e}(t)$ size $d \times 1$ is the residual vector of all output channels considered as the error of model.

If the data are assumed to be measured in a white noise environment, the least squares estimation may be applied to estimate the model parameters. Taking into account N successive available output vectors of the responses from $\mathbf{y}(k)$ to $\mathbf{y}(k+N-1)$ ($k>p$, $N>dp+d$ for $\mathbf{z}(t)$ to be definitive), the model parameters matrix $\mathbf{\Lambda}$ and the estimated covariance matrices of the deterministic part $\hat{\mathbf{D}}$ and of the error part $\hat{\mathbf{E}}$ (both of size $d \times d$) can be estimated via the computation of the QR factorization as follows (Vu, Thomas *et al.* 2009):

$$\mathbf{\Lambda} = (\mathbf{R}_{12}^{T}\mathbf{R}_{11}).(\mathbf{R}_{11}^{T}\mathbf{R}_{11})^{-1} = (\mathbf{R}_{11}^{-1}\mathbf{R}_{12})^{T} \tag{4.2}$$

$$\hat{\mathbf{D}} = \frac{1}{N}\mathbf{R}_{12}^{T}\mathbf{R}_{12} \tag{4.3}$$

$$\hat{\mathbf{E}} = \frac{1}{N}\mathbf{R}_{22}^{T}\mathbf{R}_{22} \tag{4.4}$$

In these formulas, $\mathbf{R}_{11}$ (size $dp \times dp$), $\mathbf{R}_{12}$ (size $dp \times d$) and $\mathbf{R}_{22}$ (size $d \times d$) are submatrices of the upper triangular factor $\mathbf{R}$ (size $N \times dp+d$) derived from the QR factorization of the data matrix (Householder transformation or Givens rotations) as follows:

$$\mathbf{K} = \mathbf{Q} \times \mathbf{R} \tag{4.5}$$

where $\mathbf{Q}$ (size $N \times N$) is an orthogonal matrix (that is $\mathbf{Q} \times \mathbf{Q}^{T} = \mathbf{I}$), $\mathbf{R}$ has the form

$$\mathbf{R} = \begin{bmatrix} \mathbf{R}_{11} & \mathbf{R}_{12} \\ \mathbf{0} & \mathbf{R}_{22} \\ \mathbf{0} & \mathbf{0} \end{bmatrix} \tag{4.6}$$

and data matrix $\mathbf{K}$ of size $N \times dp+d$ is constructed from N successive samples:

$$\mathbf{K} = \begin{bmatrix} \mathbf{z}(t)^{\mathrm{T}} & \mathbf{y}(t)^{\mathrm{T}} \\ \mathbf{z}(t+1)^{\mathrm{T}} & \mathbf{y}(t+1)^{\mathrm{T}} \\ \dots & \dots \\ \mathbf{z}(t+N-1)^{\mathrm{T}} & \mathbf{y}(t+N-1)^{\mathrm{T}} \end{bmatrix} \tag{4.7}$$

Once the model parameters matrix has been estimated, the modal parameters can be directly identified from the eigendecomposition of the state matrix $\mathbf{\Pi}$ (size $dp \times dp$) (Pandit 1991).

$$\mathbf{\Pi} = \begin{bmatrix} -\mathbf{A}_1 & -\mathbf{A}_2 & \dots & -\mathbf{A}_{p-1} & -\mathbf{A}_p \\ \mathbf{I} & \mathbf{0} & \dots & \mathbf{0} & \mathbf{0} \\ \mathbf{0} & \mathbf{I} & \dots & \mathbf{0} & \mathbf{0} \\ \dots & \dots & \dots & \dots & \dots \\ \mathbf{0} & \mathbf{0} & \dots & \mathbf{I} & \mathbf{0} \end{bmatrix} \tag{4.8}$$

$$\mathbf{\Pi} = \mathbf{L} \begin{bmatrix} u_1 & 0 & 0 & 0 \\ 0 & u_2 & 0 & 0 \\ 0 & 0 & \ddots & \vdots \\ 0 & 0 & \dots & u_{dp} \end{bmatrix} \mathbf{L}^{-1} \tag{4.9}$$

where u_i are discrete eigenvalues and $\mathbf{L}$ (size $dp \times dp$) is eigenvectors matrix whose the forms can be rewritten as following for further using:

$$\mathbf{L} = \begin{bmatrix} u_1^{p-1}\mathbf{l}_1 & u_2^{p-1}\mathbf{l}_2 & \dots & u_{dp}^{p-1}\mathbf{l}_{dp} \\ \vdots & \vdots & \vdots & \vdots \\ u_1\mathbf{l}_1 & u_2\mathbf{l}_2 & \dots & u_{dp}\mathbf{l}_{dp} \\ \mathbf{l}_1 & \mathbf{l}_2 & \dots & \mathbf{l}_{dp} \end{bmatrix} \tag{4.10}$$

$$\mathbf{S} = \mathbf{L}^{-1} = \begin{bmatrix} \mathbf{S}_{11} & \mathbf{S}_{12} & \dots & \mathbf{S}_{1p} \\ \mathbf{S}_{21} & \mathbf{S}_{22} & \dots & \mathbf{S}_{2p} \\ \vdots & \vdots & \ddots & \vdots \\ \mathbf{S}_{dp1} & \mathbf{S}_{dp2} & \dots & \mathbf{S}_{dpp} \end{bmatrix} \tag{4.11}$$

4.6   Selection of efficient model order

An estimated Noise-to-Signal Ratio (NSR) can be defined from the signal-noise separation in equations (4.3) and (4.4) with the *trace* norm:

$$NSR = \frac{Trace(\hat{\mathbf{E}})}{Trace(\hat{\mathbf{D}})} \qquad (4.12)$$

Then, a Noise-rate Order Factor (NOF) is defined as being the variation of the NSR between two successive orders:

$$NOF^{(p)} = NSR^{(p)} - NSR^{(p+1)} \qquad (4.13)$$

Since the NSR decreases monotonically with respect to the model order, and contains properties of both stochastic (on numerator) and deterministic (on denominator) norms, the NOF is always positive. It falls quickly at low orders and can thus be seen as a criterion for model performance. Figure 4.1 shows for example, the variation of NOF with order by introducing three noise levels (0 %, 10 % and 100 %). The minimum model order p_{eff} is found at the significant change of the NOF norm curve, and when close to zero. It can be noticed that in the considered example representing a 6 DOF system, the minimum order is found to 4 whatever the noise level (but it is less evident with a high noise level). Since the deterministic part converges at this order, all the natural frequencies in the measured range start to appear on the stabilized diagram (Vu, Thomas *et al.* 2007). It means that the model at order p_{eff} is the minimum required model exhibiting all available physical modes.

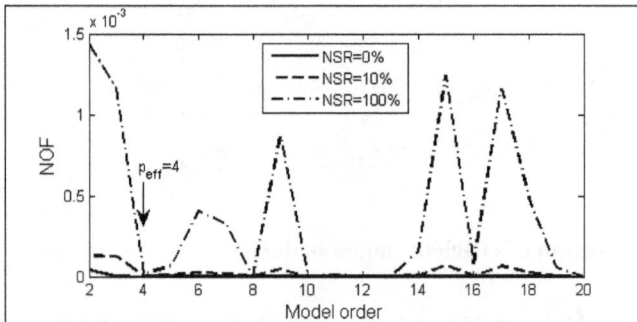

Figure 4.1 NOF evolution of 6 DOF system.

4.7   Isolation of physical modes

It is seen from the modal decomposition that the numbers of eigenvalues
and modes are normally large and contains expected modal features of the
system in addition with computational modes and excitation frequencies
(with zero damping) if present. Conventional parametric models based
modal analysis techniques distinguish the physical modes from the spurious
ones by observing the stability of the modal parameters with respect to
increasing model order. This method is the most effective for the selection
of physical modes but it requires large time consuming (Figure 4.2).

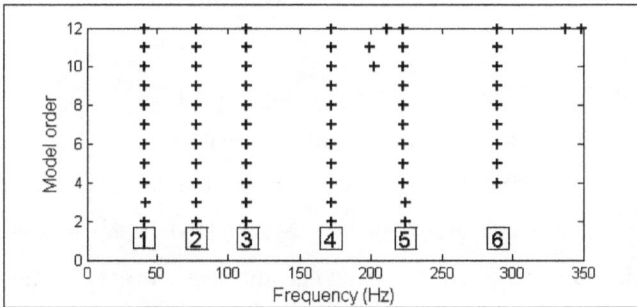

Figure 4.2 Frequency stabilization diagram of 6 DOF at NSR=100 %.

Furthermore, we can find in literature several indexes for the
characterization of the eigenmodes which can be used for the classification
and isolation of physical modes. The early modal confidence factor (MCF)
(Ibrahim 1978) compares the two modal vectors identified from the same
data when the origin is shifted. Limitation of the MCF was found with
noisy data when it may give unnecessary low values to the true modes and
an artificially value close to unity for the modes of noise (Pandit 1991).
(Pandit 1991) had also developed the average modal amplitude (AM) and

the modal signal-to-noise ratio (MSN) which could be used together with prior knowledge on frequencies and damping to classify and identify the modes. However, these two factors should be combined in only one factor. In order to find a suitable index for the identification of physical modes, which can be used for an automatic modal analysis, the following modal decomposition into deterministic and stochastic parts was conducted (Pandit 1991).

$$y(t) = \sum_{i=1}^{dp} \left[\mathbf{l}_i \mathbf{s}_i u_i^t + \sum_{j=0}^{t-p} \mathbf{l}_i \mathbf{S}_{ii} e(t-j) u_i^{j+p-1} \right] \tag{4.14}$$

where the scale factor $\mathbf{s}$ is derived from the initial regressor as following:

$$\mathbf{s} = \mathbf{L}^{-1} \mathbf{z}(p+1) \tag{4.15}$$

and the discrete eigenvalue is transformed to the continuous one by:

$u_i = e^{(\sigma_i + j\theta_i)T_s}$

Since the deterministic participation deals with continuous functions in this paper, instead of using the averaged modal amplitude (AM), we utilise the concept of continuous modal power (MP) which is the power of each eigenmode from the deterministic signal (the first term of equation (4.14)) and is the square of the continuous modal amplitude (CM) of (Pandit 1991):

$$MP_i = \frac{\left| \mathbf{l}_i^H \mathbf{l}_i \left| \mathbf{s}_i \right| \right|^2}{\sigma_i^2} \tag{4.16}$$

However, a small MP index can appear for a physical mode by comparison with the MP of a computational mode, and another index must be introduced.

The modal variance characterizes the modal participation into the stochastic part and may be written in discrete form over the sampled data:

$$\text{MV}_i = \sum_{t=k}^{k+N-1} \text{MV}_i^t = \frac{\mathbf{l}_i^{\text{H}} \mathbf{l}_i \mathbf{L}^{\prime i} \hat{\mathbf{E}} \mathbf{S}_{t1}^{\text{H}} \left[N - \frac{|u_i|^2 (1-|u_i|^{2N})}{1-|u_i|^2} \right]}{1-|u_i|^2} \qquad (4.17)$$

Finally, a damped power modal signal to noise ratio (DMSN) is defined for each eigenmode as follows:

$$\text{DMSN}_i = \frac{\text{MP}_i}{\zeta_i \text{MV}_i} \qquad (4.18)$$

It appears that the DMSN index is an effective criterion since it includes the stochastic participation in the denominator, and hence higher the DMSN is, more evident it belongs to structural properties. For example, Figure 4.3 compares the use of MSN, AM, damping ratio and DMSN for identifying the number of modes, even in a noisy environment.

It is seen that the presence of damping behaviour on the denominator penalizes the very high damped modes which belong to computational modes in usual structural analysis. The physical modes are all sorted from the first highest DMSN index with reasonable damping ratios. Consequently, the number of available modes can be easily found at a significant change on the DMSN evolution. Furthermore, the harmonic frequencies if present, can be distinguished from the first natural frequencies by their close-to-zero damping ratio and hence a very high DMSN index.

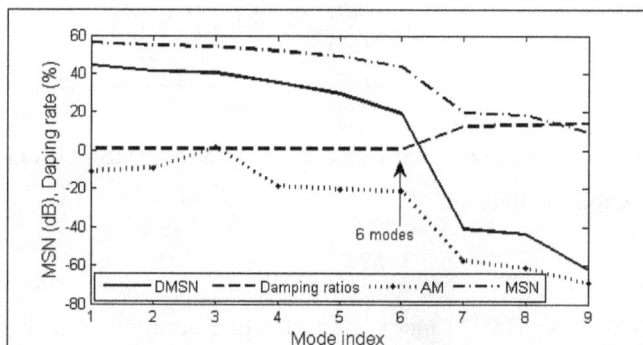

a) NSR=0 %, computing at order 4

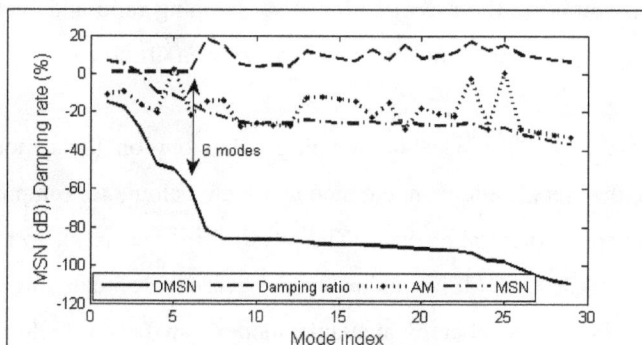

b) NSR=100 %, computing at order 14

Figure 4.3 DMSN index of 6 DOF system (vertical displaced).

4.8   Construction of the noise free spectrum

The construction of a noise free spectrum is of great interest for modal analysis. Suppose that $2n$ modes, in conjugate pairs (eigenvalues and eigenvectors), are selected from the deterministic part, the spectral matrix function can be computed directly from the eigen-decomposition as follows:

$$\mathbf{P}(\omega) = \frac{T_s}{2\pi} \left[\sum_{i=1}^{2n} \frac{\mathbf{c}_i}{(1-u_i e^{-j\omega T_s})} \right] \hat{\mathbf{E}} \left[\sum_{i=1}^{2n} \frac{\mathbf{c}_i}{(1-u_i e^{-j\omega T_s})} \right]^{\mathrm{H}}$$

$$= \frac{T_s}{2\pi} \left\{ \sum_{i=1}^{2n} (1-u_i e^{-j\omega T_s})^{-1} \mathbf{c}_i \hat{\mathbf{E}} \left[\sum_{k=1}^{2n} \mathbf{c}_k (1-u_i e^{-j\omega T_s})^{-1} \right]^{\mathrm{H}} \right\}$$

$$= \frac{T_s}{2\pi} \left\{ \sum_{i=1}^{2n} \left[(1-u_i e^{j\omega T_s})^{-1} (1-u_i e^{-j\omega T_s})^{-1} \sum_{k=1}^{2n} \mathbf{c}_i \hat{\mathbf{E}} \mathbf{c}_k^{\mathrm{H}} \frac{(1-u_i e^{j\omega T_s})}{(1-u_k e^{-j\omega T_s})^{\mathrm{H}}} \right] \right\}$$

$$= \frac{T_s}{2\pi} \left[\sum_{i=1}^{2n} \mathbf{d}_i (1+u_i e^{-j\omega T_s} - u_i e^{j\omega T_s} - u_i^2)(1-u_i e^{j\omega T_s})^{-1} (1-u_i e^{-j\omega T_s})^{-1} \right]$$

(4.19)

where

$$\mathbf{c}_i = \frac{\mathbf{l}_i \times \mathbf{S}_{i1}}{u_i}$$

(4.20)

$$\mathbf{d}_i = \sum_{k=1}^{2n} \frac{\mathbf{c}_i \hat{\mathbf{E}} \mathbf{c}_k^{\mathrm{H}}}{(1+u_i e^{-j\omega T_s})\left[1-(u_k e^{-j\omega T_s})^{\mathrm{H}}\right]}$$

(4.21)

It is clear that the spectrum is composed by the sum of frequencies which exhibits only the free-of-noise peaks corresponding to the natural frequencies and harmonic excitations if present. This decomposition yields to a Hermitian spectral matrix and is the generalization of Pandit where further calculations on the multi spectral matrix such as channel coherence function and phase can be found of interest. However, a difficulty appears when a low amplitude peak is closely found to a higher one and is difficult to identify. In order to exhibit all the frequency peaks in the spectrum representation, a scale factor has been introduced for each frequency by dividing its participating amplitude by the real norm of the complex matrix $\mathbf{d}_i$ (eq. (4.21)).It is seen from this formulation that the presence of the amplified factor affects mostly to the participating peaks in order to exhibit all the peaks on the frequency representation (Figure 4.4).

$$\mathbf{P}(\omega) = \frac{T_s}{2\pi} \left[\frac{1}{\mathrm{Trace}(|\mathbf{d}_i|)} \sum_{i=1}^{2n} \mathbf{d}_i (1+u_i e^{-j\omega T_s} - u_i e^{j\omega T_s} - u_i^2)(1-u_i e^{j\omega T_s})^{-1} (1-u_i e^{-j\omega T_s})^{-} \right. \mathbf{Displa}$$

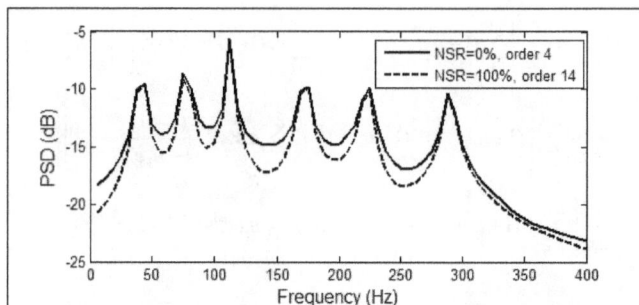

Figure 4.4 Spectrum of 6 DOF system.

Table 4.1 Result of 6 degrees of freedom system

Mode		1	2	3	4	5	6
Natural	Simulated	40.8	77.5	113.0	172.3	222.9	290.4
	NSR=0 %, order 4	40.8	77.5	113.0	172.1	222.6	289.6
frequency	NSR=0 %, order 14	40.8	77.5	113.0	172.1	222.6	289.6
(Hz)	NSR=100 %, order 4	40.8	77.5	112.9	172.1	222.6	289.6
	NSR=100 %, order 14	40.8	77.5	113.0	172.1	222.6	289.6
Damping	Simulated	1.0	1.0	1.0	1.0	1.0	1.0
	NSR=0 %, order 4	1.01	1.01	1.02	1.03	1.03	1.04
rate	NSR=0 %, order 14	1.00	1.01	1.02	1.03	1.03	1.04
(%)	NSR=100 %, order 4	1.27	1.01	1.01	1.03	1.03	1.07
	NSR=100 %, order 14	1.00	1.01	1.02	1.03	1.03	1.04

4.9   Numerical simulations and discussions

The proposed method was first applied numerically to a six degree-of-freedom (6 DOF) discrete system whose modal parameters are given in

Table 4.1. The responses were computed at different coordinates at a sampling frequency of 2500 Hz.

4.9.1   Effect of white noises and computational order

The system was firstly subjected to an impulse excitation. Figure 4.4 plots the evolution of NOF at different noise rates (0 %, 10 % and 100 %). The efficient order can be found at 4 whatever the noise rate. This result is in agreement with the frequency stabilization diagram (e.g. Figure 4.2, NSR=100 %) where all the structural frequencies start to be stabilized from order 4 showing the convergence of the deterministic part from this model order. Theoretically, a model at second order is sufficient to fit the noise free data of a discrete system if this latter is measured at all DOF (Pandit 1991). However a minimum model order of 4 is required for modal analysis purpose in order to completely exhibit all available modal features of the system. The definition of an efficient model order requires that the computational order for the calculation of modal parameters must be higher to that minimum order. However, a too high computing order is time consuming and produces a lot of computational poles.

Since the damping ratios are identified with a large variance if the data are perturbed by noises (Vu, Thomas *et al.* 2007), it is heuristic that the computing order should be chosen 5 to 10 orders higher than the efficient value in order to obtain a stability of the damping variances. The efficient model order of the above system is found at 4. Figure 4.3 shows the evolution of DMSN and damping ratios on noise-free and 100 % noise data at order 4 and 14 respectively, in comparison to the AM and MSN indexes of Pandit. It is found from Figure 4.3:

- The sorting of modes with respect to AM is not the same order as the DMSN even at noise-free data. With a high noise level, the physical modes can be given by a low AM index and hence may be eliminated by the cut-off 95 % or 99 % of the AM.

- The ranking of modes with respect to MSN index orders the modes as well as the DMSN does. However, it does not provide an enough efficient mark at the number of physical modes especially when noise is present. Furthermore, if a physical mode has been eliminated by using the AM index, it will also be missed on the MSN evolution. That is why the Pandit procedure of modes selecting by combining two indexes AM and MSN can miss structural modes when high noise level is present and thus this method requires a prior knowledge about frequencies and damping of the system.

- Computational modes may have very high AM indexes but small DMSN ratios and high damping ratios. Therefore the DMSN presents a significant change at the number of physical modes, regardless the noise level and computing model order.

- Furthermore, the evolution of the damping ratios together with the DMSN can help the users to distinguish the presence of harmonic excitations at zero-close damping ratios and unusually high DMSN indexes modes, as it is shown in the next real application. It is thus an advantageous feature for automatic identification of modes.

The average power spectral densities of 6 DOF are constructed in Figure 4.4 from the 6 first highest DMSN modes. Figure 4.4 exhibits the stability of the method with respect to noise level and computing order. Since the physical modes are identified, the spectrum is free of noises and stable on model order. Figure 4.5 plots the average PSD at the efficient order 4 on the noise free data of the 6 DOF where the dashed and dotted line is the raw spectrum computed by equation (4.19) on all eigenmodes, known as the conventional spectrum. Since the model parameters are estimated on the forward prediction error, this spectrum can be seen as the multivariate version of the covariance spectrum estimate (Marple 1986).

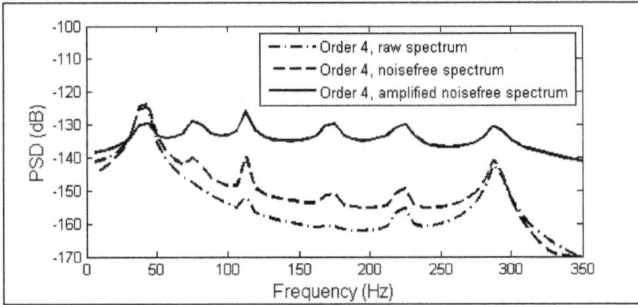

Figure 4.5 Spectrum of 6 DOF system at noise free data.

The dashed line is the noise-free spectrum computed only on the selected modes by equation (4.19), and means the first 6 highest MSN indexes. The solid line is the spectrum computed by equation (4.22) with is the amplified of the dashed spectrum. We can see that the last two spectra outperform the conventional spectrum and reveal all structural modes at the efficient order. It is seen also that the effect of amplification is not significant when the data is free of noise. The modal parameters are shown in Table 4.1 with negligible errors. It means that if the noise level is low, modal parameters and spectrum can be accurately computed at the efficient order. Similarly, Figure 4.6 shows the spectrum of the system on 100 % noisy data at order 14. It is demonstrated that with the presence of noises, only the amplified spectrum exhibits distinctly the structural modes which always stand at the first highest MSN indexes. Modal parameters are always accurately computed and are not affected by white noises, as shown in Table 4.1.

By observing the Figure 4.5, Figure 4.6 and the Table 4.1, it is reported that the spectrum and identified modal parameters are very stable with respect to computational orders once it is higher than the efficient order.

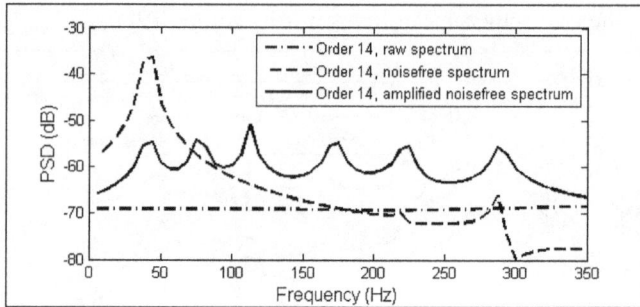

Figure 4.6 Spectrum of 6 DOF system at NSR=100 %.

4.9.2   Effect of number of measured degrees of freedom

In real applications, the experimental systems are normally a mechanical structure with an infinite number of degrees of freedom but the number of measured channels is limited. Figure 4.7 shows the evolution of the NOF when the 10 % noisy data are taken from 2 DOF, 4 DOF and 6 DOF respectively. It is found that the minimum required orders vary with the number of channels and should be set to 30, 6 and 4 respectively. It means that larger the dimension of the modeled vector is, smaller the efficient order can be attained.

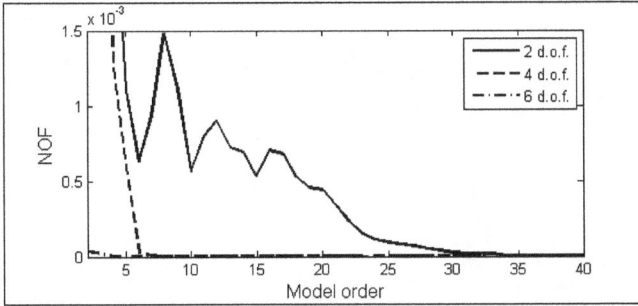

Figure 4.7 NOF evolution on different number of measured DOF.

4.9.3 Random excitation

The above 6 DOF system is now subjected to a random excitation. The NOF evolution on Figure 4.8 gives always the efficient order to 4 from which the DMSN and damping ratios are classified on Figure 4.9. It is seen that the efficient model order of a modal constant system does not depend on the excitation type if the data are acquired by the same manner and sampling frequency. However, Figure 4.3 and Figure 4.9 shows that the damping ratios are identified under random excitation with a higher variance than under an impulsive force, but the structural modes are always accurately extracted and isolated from the spurious ones.

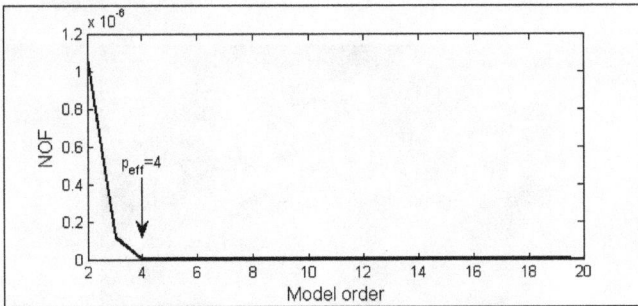

Figure 4.8 NOF of 6 DOF system under random excitation.

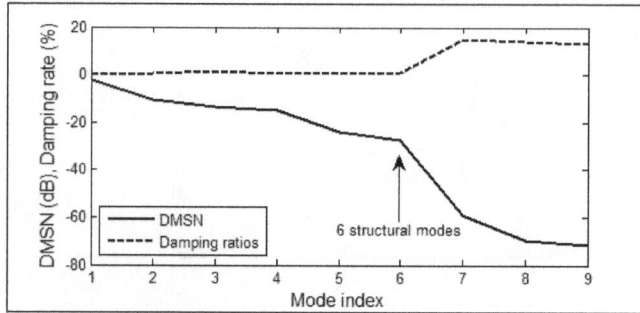

Figure 4.9 DMSN index under random excitation at order 4.

4.10   Application on real structure

The above method has been applied to the dynamic testing of a steel plate. This is a one side clamped plate at 500 mm long, 200 mm width and 1.9 mm thickness. The steel is of 7800 kg/m^3 density, 200 GPa elastic modulus and 0.29 Poisson coefficient. The test configuration is shown in Figure 4.10 with six sensors mounted on the plate. Data are sampled at a frequency of 512 Hz. The plate has been modeled by finite elements and the natural frequencies of the first modes in the measuring range have been computed (Table 4.2). The plate is subjected to an unmeasured impulsive force from an impact hammer and the responses data are plotted in Figure 4.11.

Figure 4.10 Plate test configuration.

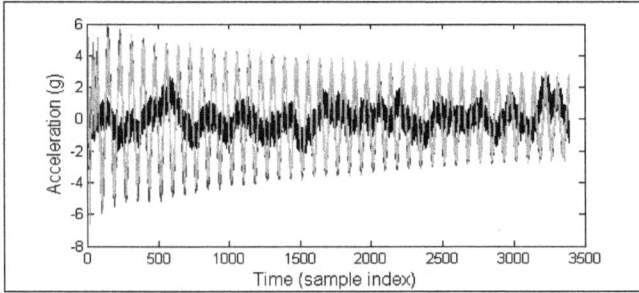

Figure 4.11 Plate time responses data.

The evolution of NOF in Figure 4.12 shows that the efficient model order can be set at 5 so computational orders have been chosen to 7 and 17 for comparison.

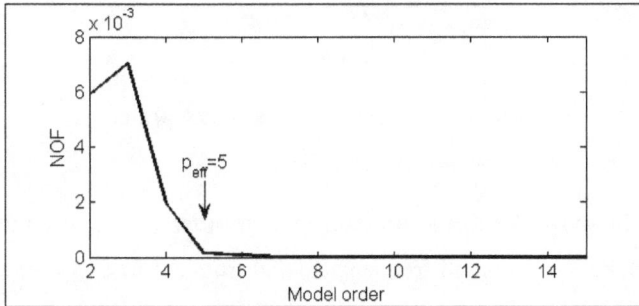

Figure 4.12 NOF index of the plate.

It is seen that even at a low order of 7, 11 frequencies can be identified at the significant change of the descending DMSN index (Figure 4.13-a). The same observation can be made on Figure 4.13-b computed at an order 17 with a higher number of spurious modes.

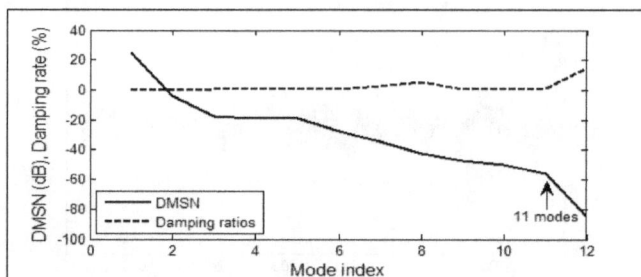

a) At order 7

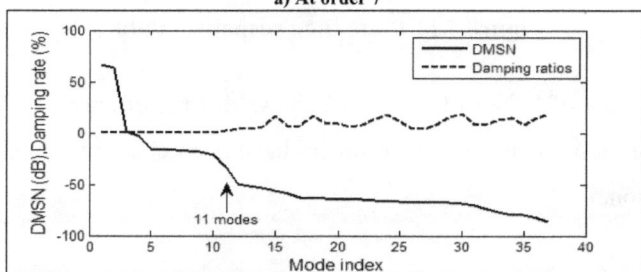

b) At order 17

Figure 4.13 DMSN index of the plate.

Figure 4.14 shows the spectrum computed at order 7 from all eigenvalues (raw PSD, eq. (4.19) on all frequencies) and from the first 11 highest MSN indexes when they are not amplified (noise-free PSD, eq. (4.19) on only selected frequencies) and when they are amplified (amplified noise-free PSD, eq. (4.22) on selected frequencies). All the 11 frequencies can be identified on the three spectra since the noise level is low. These frequencies can be confirmed by the phase shifts between the sensors.

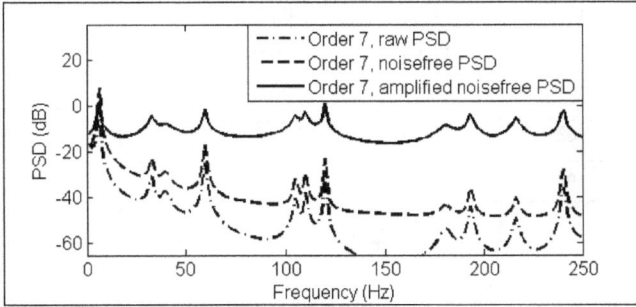

a) Average PSD of 6 sensors

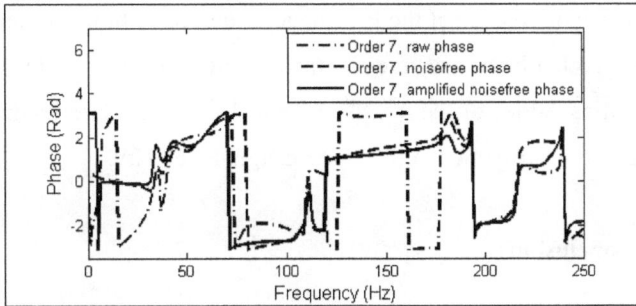

b) Phase of sensors 1 and 2

Figure 4.14 Averaged PSD of 6 sensors and phase between sensors 1 and 2.

Table 4.2 Result of plate operational modal analysis

Mode index	Frequency from FEA (Hz)	Identified frequency, order 7 (Hz)	Identified frequency, order 17 (Hz)	Damping rate (%), order 7	Damping rate (%) order 17
1	6.3	6.2	6.1	0.7	0.2
2	33.3	33.1	33.1	2.7	0.8
3	39.6	40.3	39.8	5.5	2.3
4		60.0	60.0	0.7	0.0
5	106.1	105.3	105.2	0.7	0.6

6	111.3	110.1	109.9	0.5	0.4
7		120.0	120.0	0.0	0.0
8		180.7	180.0	1.5	0.0
9	196.2	193.5	193.2	0.4	0.4
10	218.4	216.4	216.3	0.5	0.4
11		240.1	240.1	0.0	0.0

Table 4.2 shows the results of the modal parameters of the 11 first physical modes at order 7 and 17. It is seen that all the natural frequencies are accurately identified even at the low model order, but a higher order should be used to reach a better accuracy of the damping ratios. The close-to-zero damping ratios values of the 4th, 7th, 8th and 11th frequencies confirm their belonging to the harmonics of the electric signals (60 Hz).

4.11   Conclusions

A method for removing the noise and selecting the frequencies from multi-sensor signals has been presented by using a multi-autoregressive model. It is seen that there exist a minimum model order from which all available physical modal properties are stably obtained regardless the noise. This so called efficient model order is found at the significant change of a noise-rate order factor (NOF). At any higher model order, a damped modal signal to noise (DMSN) ratio constructed from the continuous modal power on the discrete modal variance. In concordance with the damping ratio value, it appears as an efficient classification index which allows for distinguishing the expected frequency number from the spurious ones from the observation of a significant change of DMSN evolutions. Spectrum and phases can be constructed at any higher model order from such selected physical frequencies. An amplification factor of spectrum amplitudes allows for equally exhibiting all the available peaks in a smooth and balanced graph even when they are close. This method may be seen as the frequency domain version of the vector autoregressive modelling which can be applied under various excitations and noises for an automatic operational modal analysis and structural health monitoring.

4.12   Acknowledgements

The support of NSERC (Natural Sciences and Engineering Research Council of Canada) through Research Cooperative grants is gratefully acknowledged. The authors would like to thank Hydro-Quebec Research Institute for their collaboration.

4.13   References

[1].   Bodeux J. B. and Golinval J. C., *Application of ARMAV models to the identification and damage detection of mechanical and civil engineering structures*, Journal of Smart Materials and Structures, 10 (2001), 479-489.

[2].   Smail M., Thomas M. and Lakis A.A., *Detection of rotor cracks with ARMA (in french)*. Proceedings of the 3rd Industrial Automation International conference, Montréal, (1999) 21.1-21.4.

[3].   Magalhães F., Cunhaa A. and Caetanoa E., *Online automatic identification of the modal parameters of a long span arch bridge*, Mechanical Systems and Signal Processing, 23 (2), (2009), 316-329.

[4].   Peeters B., Lau J., Lanslots J. and Van Der Auweraer H., *Automatic Modal Analysis – Myth or Reality?* Sound and Vibration, 3 (2008), 17-21.

[5].   Vanlanduit S., Verboven P., Guillaume P., Schoukens J., *An automatic frequency domain modal parameter estimation algorithm*, Journal of Sound and Vibration, 265 (3) (2003), 647-661.

[6]. Vu V.H, Thomas M., Lakis A.A. and Marcouiller L., *A time domain method for modal identification of vibratory signal*, Proceedings of the 1ˢᵗ international Conference on Industrial Risk Engineering, Montreal, ISBN 978-2-921145-65-7, (2007), 202- 218.

[7]. Zhang Y., Zhang Z., Xu X. and Hua H., *Modal parameter identification using response data only*, Journal of Sound and Vibration, 282, (1-2), (2005), 367-380.

[8]. Huang, C. S. and Lin, H. L., *Modal identification of structures from ambient vibration, free vibration, and seismic response data via a subspace approach*, Earthquake engineering and Structural Dynamics , 30 (12), (2001), 1857–1878.

[9]. Larbi N and Lardies J., *Experimental modal analysis of a structure excited by a random force*, Mechanical Systems and Signal Processing 14(2), (2000), 181–192.

[10]. Juang, J.-N and Pappa, R. S., *An eigensystem realization algorithm for modal parameter identification and model reduction*, Journal of Guidance, Control, and Dynamics, 8 (5), (1985), 620-627.

[11]. Gagnon M., Tahan, A., Coutu A. and Thomas M., *Operational modal analysis with harmonic excitations : application to a hydraulic turbine (in French)*, Proceedings of the 24ᵗʰ Seminar on machinery vibration, Canadian Machinery Vibration Association, ISBN 2-921145-61-8, Montreal, (2006), 320-329.

[12]. Vu V.H, Thomas M., Lakis A.A. and Marcouiller L., *Effect of added mass on submerged vibrated plates*, Proceedings of the 25ᵗʰ Seminar on machinery vibration, Canadian Machinery Vibration Association, Saint John, NB, (2007), 40.1-40.15.

[13]. Thomas M., Abassi K., Lakis A. A. and Marcouiller L., *Operational modal analysis of a structure subjected to a turbulent flow,*

Proceedings of the 23rd Seminar on machinery vibration, Canadian Machinery Vibration Association, Edmonton, AB, (2005), 10 p.

[14]. Vu V. H., Thomas M., Lakis A.A. and Marcouiller L., *Identification of modal parameters by experimental operational analysis for the assessment of bridge rehabilitation,* Proceedings of the 2nd International Operational Modal Analysis Conference, Copenhagen, Denmark, 1, (2007), 133-142.

[15]. Lardies J. and N. Larbi N., *A new method for model order selection and modal parameter estimation in time domain*, Journal of Sound and Vibration 245 (2001) (2), 187–203.

[16]. Smail M, Thomas M. and Lakis A., *ARMA model for modal analysis, effect of model orders and sampling frequency*, Mechanical Systems and Signal Processing, 13 (6), (1999), 925-944.

[17]. Smail M., Thomas M. and Lakis A., *Assessment of optimal ARMA model orders for modal analysis*, Mechanical systems and Signal Processing, 13 (5) (1999), 803-819.

[18]. Allemang, R. J., *Vibrations: Experimental Modal Analysis*, Course Notes, Seventh Edition, Structural Dynamics Research Laboratory, University of Cincinnati, OH. [http://www.sdrl.uc.edu/course–info.html], (1999).

[19]. Wahab. M. M. A and De Roeck. G., *An effective method for selecting physical modes by vector autoregressive models*, Mechanical Systems and Signal Processing, 13, (1999), 449-474.

[20]. Pandit S. M., *Modal and spectrum analysis: data dependent systems in state space*, J. Wiley and Sons, New York, N.Y., (1991), 415p.

[21]. Allemang R.J. and Brown D.L., *A correlation coefficient for modal vector analysis,* Proceedings of the First International Modal Analysis Conference, Orlando, (1982), 110–116.

[22]. Akaike, H., *Power spectrum estimation through autoregressive model fitting*, Annals of the Institute of Statistical Mathematics 21(1), (1969), 407-419.

[23]. Vaataja, H. and Suoranta R., *Coherence analysis of multichannel time series applying conditioned multivariate autoregressive spectra*, Proceedings of the IEEE International Conference on Acoustics, Speech, and Signal Processing, 4, IEEE Computer Society, (1994), 381-384.

[24]. Quirk, M. and Liu B., *Improving resolution for autoregressive spectral estimation by decimation*, Acoustics, Speech, and Signal Processing, IEEE Transactions, 31(3), (1983), 630-637.

[25]. Kumazawa, *Method of producing noise free frequency spectrum signals*, Jeol Ltd, United States Patent 5295086, Japan (1994).

[26]. Vu V.H, Thomas M., Lakis A.A. and Marcouiller L., *Multi-autoregressive model for structural output only modal analysis*, Proceedings of the 25th Seminar on machinery vibration, Canadian Machinery Vibration Association, Saint John, NB, (2007), 41.1-41.20.

[27]. Vu V.H., Thomas M., Lakis A.A. and Marcouiller L., *Operational modal analysis by short time autoregressive modeling*, Proceedings of the 3rd International Conference on Integrity, Reliability & Failure, IRF2009, Porto, ISBN 978-972-8826-21-5, paper S1101-P0212, (2009), 16 p.

[28]. Ibrahim, S. R., *Modal confidence factor in vibration testing*, Journal of spacecraft and rockets (1978), vol.15, no.5, 313-316.

[29]. S.L. Marple, Jr, Digital Spectral Analysis with Applications, Prentice-Hall, Englewood Cliffs, NJ 1987, 492p.

CHAPITRE 5

PRÉSENTATION DE L'ARTICLE: '*SHORT-TIME AUTOREGRESSIVE (STAR) MODELING FOR OPERATIONAL MODAL ANALYSIS OF NON STATIONARY VIBRATION*'

5.1   Résumé

Ce chapitre a été accepté pour publication comme chapitre dans le livre VIBRATION AND STRUCTURAL ACOUSTICS ANALYSIS qui sera publié en 2010 par SPRINGER.

Dans ce chapitre, une nouvelle méthode d'analyse temps-fréquence, basée sur le modèle autorégressif AR est développée pour effectuer l'analyse modale des structures dont les propriétés dynamiques peuvent varier avec le temps. Le principe est de balayer sur le signal une fenêtre court terme et de calculer les paramètres modaux extraits de chaque fenêtre. La méthode est appelée 'Short-time AutoRegressive (STAR)'. L'originalité de la méthode proposée se trouve sur sa capacité de manipuler des vibrations non stationnaires pour surveiller le changement des paramètres modaux dans le temps. Le modèle AR est mis à jour par rapport à son ordre et un critère basé sur le rapport signal sur bruit pour trouver l'ordre optimum. La longueur de la fenêtre a été empiriquement déterminée à quatre fois la plus longue période. Pour valider la méthode, un système à trois degrés de liberté a été numériquement simulé sous une excitation aléatoire en considérant des vibrations stationnaires et non stationnaires. La méthode est enfin appliquée sur des données mesurées sur une plaque qui émerge de l'eau. Les résultats sont comparés avec la méthode de Fourier à court terme (STFT). Il est trouvé que la méthode proposée est bonne pour mesurer la variation temporelle des fréquences naturelles, due à l'effet de masse ajouté du fluide. Cependant, le suivi de l'amortissement n'est pas encore au point, vu la grande variabilité des résultats.

5.2   Abstract

In this chapter, a method based on an autoregressive model in a short-time scheme is developed for the modal analysis of vibrating structures whose properties may vary with time and is called Short-Time AutoRegressive (STAR) method. This new method allows for the successful modeling and identification of an output-only modal analysis. The originality of the proposed method lies in its specific handling of non-stationary vibrations, which enable the tracking of modal parameter changes in time. This chapter presents an update of the model with respect to model order and a noise-to-signal based criterion for the selection of the minimum model order. A length equal to four times the period of the lowest natural frequency has been numerically found to be efficient for the data block size and may be recommended for experimental applications. To validate the method, a system with three degrees of freedom is first simulated under a random excitation, and both stationary and non-stationary vibrations are considered. The method is finally applied on the real multichannel data measured on an experimental steel plate emerging from water, and is compared to the conventional Short-Time Fourier Transform (STFT) method. It is shown that the proposed method outperforms in terms of frequency identification, whatever the non-stationary behaviour (either slow or abrupt change) due to the added mass effect of the fluid.

5.3   Introduction

This chapter presents the modal monitoring of a non stationary system by operational modal analysis. An emerging steel plate is investigated in order to identify the added mass and damping due to the interaction effect of the fluid. The fluid has an inertial effect on the mass of the structure and hence significantly influences its vibration behaviour. Furthermore, the modal damping ratios need to be investigated since no analytical model is available and hence an experimental modal analysis is the unique technique to evaluate it (Sinha, Singh *et al.* 2003), (Thomas, Abassi *et al.* 2005), (Vu, Thomas *et al.* 2007). The chapter outline starts with a brief overview of the art followed by a presentation of the autoregressive model and the STAR method. Several discussions are given on numerical simulations and an application on the emerging steel plate exhibits the performance of the method. Important conclusions can be found in the summary.

5.4   Brief overview of the state of the art

The classical modal analysis, usually conducted in the frequency domain, has been in decades a companion to Modal Testing experimentalists (Ewins 2000). An overview of modal analysis methods can be found in (Maia and Silva 2001). However, this technique is not reliable when the tested system is working in operating conditions and in the last decades, modal analysis has migrated to the Operational Modal Analysis (OMA) or the Ouput-only Modal Analysis.

5.4.1   Operational modal analysis

This novel technique processes the identification of modal parameters (natural frequencies, damping ratios and structural modes) directly from only the output responses of the system without having to know the excitation forces (Huang 2001), (Vu, Thomas *et al.* 2006). The last two decades have witnessed a trend toward the use of the time series models. Time series models are parametric models which are able to evaluate a time dependent phenomena. The most applicable models for mechanical and structural systems are the Autoregressive model (AR), Autoregressive Moving Average (ARMA) and their variants (Liang, Wilkes *et al.* 1993), (Pandit 1991), (Abdel Wahab and De Roeck 1999). Industrial applications of OMA can be found for analysing an offshore structure excited by natural excitations such as sea wind and waves (Hermans and Van Der Auweraer 1999), but difficulties in frequency and damping identification can appear when harmonic excitations are considered (Mohanty and Rixen 2004).

5.4.2   Non-stationary vibration

Non stationary vibration (Poulimenos and Fassois 2004), (Poulimenos and Fassois 2006), (Uhl 2005), (Vu, Thomas *et al.* 2009)is a common phenomena in real life systems where the modal properties vary with respect to the time (Box and Jenkins 1970). Such problems can be found in various mechanical and structural systems (Li, Ko *et al.* 1993) like in robotic where the modal parameters vary with the manipulator extension (Li, Liu *et al.* 2007), or in civil engineering (Owen, Eccles *et al.* 2001) like a bridge vibration under traffic loads (Vu, Thomas *et al.* 2007). In damage monitoring or crack detection, it is important to monitor the changes in the modal properties of the structures over time (Basseville 1988), (Basseville, Benveniste *et al.* 1993 ; Smail, Thomas *et al.* 1999). Modal and vibration analysis of such time-dependent systems may be analyzed through non parametric time-frequency methods (Bellizzi, Guillemain *et al.* 2001), (Gabor 1946), (Hammond and White 1996) included the Short-Time

Fourier Transform (STFT), Wavelet and Wigner-Ville (Safizadeh, Lakis *et al.*
2000). However, parametric models offer a number of advantages such as
improving accuracy and resolution which explain why the time domain
methods are generally preferred (Fassois 2001).

5.4.3   Fluid-structure interaction

In fluid-structure interaction, such as for ship structures analysis (Li, Ko *et
al.* 1993) or hydraulic turbines (Gagnon, Tahan *et al.* 2006), the analysis of
the added mass and especially of the added damping is necessary to
compute the dynamic stresses. Since no analytical method can be applied
for estimating the damping under a turbulent flow, an operational modal
analysis is the only technique that can be applied. (Thomas, Abassi *et al.*
2005) presents a recent experimental research on modal analysis of a
submerged plate excited by a turbulent flow to experimentally evaluate the
added mass and damping in stationary conditions.

5.4.4   Development of a new method for investigating modal
parameters of non stationary systems by OMA

In this chapter, a linear multivariate autoregressive model (He and De
Roeck 1997), (Huang 2001), (Lutkepohl 1993) is used and is sequentially
computed in a short-time scheme (Rissanen 1978) by using a sliding
window. The model parameters are estimated by least squares via the fast
and stable computation of the QR factorization. A model order is selected
from a minimum value which robustly gives a convergence of the noise
and signal separation. Rather than varying the parameters on a sample by
sample basis, a sliding window (Mahon, Sibul *et al.* 1993), (Strobach and
Goryn 1993) is used to keep the parameters constant inside each window

and adjusts the parameters, window by window. The window length size is automatically adjusted based on the greatest period. The proposed method may thus be considered as the time domain counterpart of the Short-Time Fourier Transform and can be used with multi-channel measurements. It possesses efficiency in tracking the modal parameters and monitoring their evolution on both stationary and non-stationary vibrations.

5.5 Vector autoregressive modeling

Assuming a random measurement environment, the excitation may be ignored, and since the modal analysis normally requires a measurement at multiple locations, represented by d sensors, an order p vector autoregressive model of dimension d can be expressed as follows:

$$\mathbf{y}(t) + \mathbf{A}_1\mathbf{y}(t-1) + \mathbf{A}_2\mathbf{y}(t-2) + ... + \mathbf{A}_p\mathbf{y}(t-p) = \mathbf{e}(t) \tag{5.1}$$

The model can be rewritten, as a multiple regression convenient form (Vu, Thomas $et\ al.$ 2009):

$$\mathbf{y}(t) = \mathbf{\Lambda}\boldsymbol{\varphi}(t) + \mathbf{e}(t) \tag{5.2}$$

where : $\mathbf{\Lambda} = \begin{bmatrix} -\mathbf{A}_1 & -\mathbf{A}_2 & ... & -\mathbf{A}_p \end{bmatrix}$ size $d \times dp$ is the parameter matrix

$\mathbf{A}_i$ size $d \times d$ is the matrix of parameters relating the output $\mathbf{y}(t-i)$ to $\mathbf{y}(t)$

$\mathbf{z}(t)$ size $dp \times 1$ is the regressor for the output vector $\mathbf{y}(t)$, $\mathbf{z}(t)^{\mathrm{T}} = \begin{bmatrix} \mathbf{y}(t-1)^{\mathrm{T}} & \mathbf{y}(t-1)^{\mathrm{T}} & ... & \mathbf{y}(t-1)^{\mathrm{T}} \end{bmatrix}$

$\mathbf{y}(t-i)$ size $d \times 1$ $(i = 1 : p)$ is the output vector with delays time $i \times T_s$

$\mathbf{e}(t)$ size $d \times 1$ is the residual vector of all output channels considered as the error of model.

If the data are assumed to be measured in a white noise environment, the least squares estimation can be applied. Consider N successive vectors of the output responses from $\mathbf{y}(t)$ to $\mathbf{y}(t+N-1)$, the model parameters matrix $\mathbf{\Lambda}$ and the estimated covariance matrices of the unnoised part $\hat{\mathbf{D}}$ and also of the error part $\hat{\mathbf{E}}$ (both of size $d \times d$, the "hat" denotes the estimated value) can be given via the computation of the QR factorization (Vu, Thomas *et al.* 2009):

$$\mathbf{\Lambda} = (\mathbf{R}_{12}^{\mathrm{T}}\mathbf{R}_{11}).(\mathbf{R}_{11}^{\mathrm{T}}\mathbf{R}_{11})^{-1} = (\mathbf{R}_{11}^{-1}\mathbf{R}_{12})^{\mathrm{T}} \tag{5.3}$$

$$\hat{\mathbf{D}} = \frac{1}{N}\mathbf{R}_{12}^{\mathrm{T}}\mathbf{R}_{12} \tag{5.4}$$

$$\hat{\mathbf{E}} = \frac{1}{N}\mathbf{R}_{22}^{\mathrm{T}}\mathbf{R}_{22} \tag{5.5}$$

In these formulas, $\mathbf{R}_{11}$ (size $dp \times dp$), $\mathbf{R}_{12}$ (size $dp \times d$) and $\mathbf{R}_{22}$ (size $d \times d$) are sub-matrices of the upper triangular factor $\mathbf{R}$ (size $N \times dp + d$) derived from the QR factorization of the data matrix as follows:

$$\mathbf{K} = \mathbf{Q} \times \mathbf{R} \tag{5.6}$$

where $\mathbf{Q}$ (size $N \times N$) is an orthogonal matrix (that is $\mathbf{Q} \times \mathbf{Q}^{\mathrm{T}} = \mathbf{I}$), $\mathbf{R}$ has the form:

$$\mathbf{R} = \begin{bmatrix} \mathbf{R}_{11} & \mathbf{R}_{12} \\ \mathbf{0} & \mathbf{R}_{22} \\ \mathbf{0} & \mathbf{0} \end{bmatrix} \tag{5.7}$$

and data matrix $\mathbf{K}$ of size $N \times dp + d$ is constructed from N successive samples:

$$\mathbf{K} = \begin{bmatrix} \mathbf{z}(t)^{\mathrm{T}} & \mathbf{y}(t)^{\mathrm{T}} \\ \mathbf{z}(t+1)^{\mathrm{T}} & \mathbf{y}(t+1)^{\mathrm{T}} \\ \cdots & \cdots \\ \mathbf{z}(t+N-1)^{\mathrm{T}} & \mathbf{y}(t+N-1)^{\mathrm{T}} \end{bmatrix} \tag{5.8}$$

Once the model parameters matrix has been estimated, modal parameters such as natural frequencies, damping ratios and mode shapes can be directly identified from the eigen-decomposition of the state matrix Π (Pandit 1991).

$$\Pi = \begin{bmatrix} -\mathbf{A}_1 & -\mathbf{A}_2 & ... & -\mathbf{A}_{p-1} & -\mathbf{A}_p \\ \mathbf{I} & \mathbf{0} & ... & \mathbf{0} & \mathbf{0} \\ \mathbf{0} & \mathbf{I} & ... & \mathbf{0} & \mathbf{0} \\ ... & ... & ... & ... & ... \\ \mathbf{0} & \mathbf{0} & ... & \mathbf{I} & \mathbf{0} \end{bmatrix} \qquad (5.9)$$

5.6   The short-time autoregressive (STAR) method

In operational modal analysis, the dynamic parameters of the system are unknown, and thus, a priori knowledge about the model order is not available. Since we are concerned with short-time modeling, we propose that the data be processed in block-wise Gabor expansion (Gabor 1946). From the above modeling, it is found that the number of samples in each block N must satisfy $N > dp + d$, where p is the computing model order, and thus can be variable in non-stationary vibration. It is also clear that the block size must be long enough to allow an exhibition of the vibratory features of the system and to cover the largest period in the signal. That is why the block length of the sliding window must be adjusted from the greatest period. The optimal model must be selected from the order 2 to the maximum available order which fits data of the whole block size. Since it is time-consuming to repeat the computation for each order value, this procedure should be avoided. Below, we present an algorithm allowing for an effective updating of the solution with respect to model order, which requires only the triangularization on a sub-matrix of the data matrix.

5.6.1   Order updating and criterion for minimum order selection

The data matrix $\mathbf{K}^{(p)}$ at order p can be rewritten as:

$$\mathbf{K}^{(p)} = \begin{bmatrix} \mathbf{z}(t)^{\mathrm{T}} & \mathbf{y}(t)^{\mathrm{T}} \\ \mathbf{z}(t+1)^{\mathrm{T}} & \mathbf{y}(t+1)^{\mathrm{T}} \\ ... & ... \\ \mathbf{z}(t+N-1)^{\mathrm{T}} & \mathbf{y}(t+N-1)^{\mathrm{T}} \end{bmatrix} = \begin{bmatrix} \mathbf{K}_1^{(p)} & \mathbf{K}_2 \end{bmatrix} \tag{5.10}$$

If the model order p is updated to $p+1$, the data matrix has the form:

$$\mathbf{K}^{(p+1)} = \begin{bmatrix} \mathbf{K}_1^{(p)} & \mathbf{K}^* & \mathbf{K}_2 \end{bmatrix} \tag{5.11}$$

where $\mathbf{K}^*$ of size $N \times d$ comprises the added d columns:

$$\mathbf{K}^* = \begin{bmatrix} \mathbf{y}(k-(p+1))^{\mathrm{T}} \\ \mathbf{y}(k+1-(p+1))^{\mathrm{T}} \\ ... \\ \mathbf{y}(k+N-1-(p+1))^{\mathrm{T}} \end{bmatrix} \tag{5.12}$$

We can then compute the following matrix:

$$\mathbf{Q}^{(p)\mathrm{T}}\mathbf{K}^{(p+1)} = \begin{bmatrix} \mathbf{Q}^{(p)\mathrm{T}}\mathbf{K}_1^{(p)} & \mathbf{Q}^{(p)\mathrm{T}}\mathbf{K}^* & \mathbf{Q}^{(p)\mathrm{T}}\mathbf{K}_2 \end{bmatrix} = \begin{bmatrix} \mathbf{R}_{11}^{(p)} & \mathbf{T}_1 & \mathbf{R}_{12}^{(p)} \\ \mathbf{0} & \mathbf{T}_2 & \mathbf{R}_{22}^{(p)} \end{bmatrix} \tag{5.13}$$

where $\mathbf{T}_1$ of size $dp \times d$ and $\mathbf{T}_2$ of size $N - dp \times d$ are extracted from

$$\mathbf{Q}^{(p)\mathrm{T}}\mathbf{K}^* = \begin{bmatrix} \mathbf{T}_1 \\ \mathbf{T}_2 \end{bmatrix}.$$

We must now triangularize the right term matrix in equation (5.13). This can be done with a set of Householder transformations or Givens rotations (Golub and Van Loan 1996). If we decompose only the small sub-matrix $\mathbf{T}_2$, it easily yields:

$$\mathbf{T}_2 = \mathbf{Q}_{\mathrm{T}} \begin{bmatrix} \mathbf{R}_{\mathrm{T}} \\ \mathbf{0} \end{bmatrix} \tag{5.14}$$

where $\mathbf{R}_{\mathrm{T}}$ of size $d \times d$ is an upper diagonal matrix and $\mathbf{Q}_{\mathrm{T}}$ of size $N - dp \times N - dp$ is the product of the Householder transformations or Givens rotations.

Equation (5.13) then becomes:

$$\mathbf{Q}^{(p)\mathrm{T}}\mathbf{K}^{(p+1)} = \begin{bmatrix} \mathbf{I} & \mathbf{0} \\ \mathbf{0} & \mathbf{Q}_{\mathrm{T}} \end{bmatrix} \begin{bmatrix} \mathbf{R}_{11}^{(p)} & \mathbf{T}_{1} & \mathbf{R}_{12}^{(p)} \\ \mathbf{0} & \mathbf{R}_{\mathrm{T}} & \mathbf{Q}_{\mathrm{T}}^{\mathrm{T}}\mathbf{R}_{22}^{(p)} \\ \mathbf{0} & \mathbf{0} \end{bmatrix} \tag{5.15}$$

$$\begin{bmatrix} \mathbf{I} & \mathbf{0} \\ \mathbf{0} & \mathbf{Q}_{T}^{\mathrm{T}} \end{bmatrix} \mathbf{Q}^{(p)\mathrm{T}}\mathbf{K}^{(p+1)} = \begin{bmatrix} \mathbf{R}_{11}^{(p)} & \mathbf{T}_{1} & \mathbf{R}_{12}^{(p)} \\ \mathbf{0} & \mathbf{R}_{T} & \mathbf{R}_{22}^{*} \\ \mathbf{0} & \mathbf{0} & \mathbf{R}_{22}^{**} \end{bmatrix} \tag{5.16}$$

where $\mathbf{R}_{22}^{*}$ of size $d \times d$ and $\mathbf{R}_{22}^{**}$ of size $N - dp - d \times d$ are obtained from

multiplication $\begin{bmatrix} \mathbf{R}_{22}^{*} \\ \mathbf{R}_{22}^{**} \end{bmatrix} = \mathbf{Q}_{T}^{\mathrm{T}}\mathbf{R}_{22}$.

It can be seen that the first $d \times p$ rows of the right hand side in equation (5.16) are not affected by above transformations, and the factor matrix $\mathbf{R}^{(p+1)}$ at order $p+1$ is thus updated:

$$\mathbf{R}_{11}^{(p+1)} = \begin{bmatrix} \mathbf{R}_{11}^{(p)} & \mathbf{T}_{1} \\ \mathbf{0} & \mathbf{R}_{T} \end{bmatrix} ; \mathbf{R}_{12}^{(p+1)} = \begin{bmatrix} \mathbf{R}_{12}^{(p)} \\ \mathbf{R}_{22}^{*} \end{bmatrix} ; \mathbf{R}_{22}^{(p+1)} = \mathbf{R}_{22}^{**} \tag{5.17}$$

so is the Q matrix:

$$\mathbf{Q}^{(p+1)} = \mathbf{Q}^{(p)} \begin{bmatrix} \mathbf{I} & \mathbf{0} \\ \mathbf{0} & \mathbf{Q}_{\mathrm{T}} \end{bmatrix} \tag{5.18}$$

as well as the two covariance matrices from equations (5.4) and (5.5):

$$\hat{\mathbf{D}}^{(p+1)} = \mathbf{R}_{12}^{(p+1)\mathrm{T}}\mathbf{R}_{12}^{(p+1)} = \mathbf{R}_{12}^{(p)\mathrm{T}}\mathbf{R}_{12}^{(p)} + \mathbf{R}_{22}^{*\mathrm{T}}\mathbf{R}_{22}^{*} = \hat{\mathbf{D}}^{(p)} + \mathbf{R}_{22}^{*\mathrm{T}}\mathbf{R}_{22}^{*} \tag{5.19}$$

$$\hat{\mathbf{E}}^{(p+1)} = \mathbf{R}_{22}^{(p+1)\mathrm{T}}\mathbf{R}_{22}^{(p+1)} = \mathbf{R}_{22}^{(p)}\mathbf{R}_{22}^{(p)} - \mathbf{R}_{22}^{*\mathrm{T}}\mathbf{R}_{22}^{*} = \hat{\mathbf{E}}^{(p)} - \mathbf{R}_{22}^{*\mathrm{T}}\mathbf{R}_{22}^{*} \tag{5.20}$$

Finding the optimal model order p_{opt} is crucial in parametric model-based methods (Smail, Thomas *et al.* 1999), (Liang, Wilkes *et al.* 1993), (Hannan 1980). From a statistical point of view, AIC and MDL criteria can be used to select the optimal model order (Lutkepohl 1993). It is seen from equations (5.19) and (5.20) that as the model order increases, the norm of the deterministic covariance matrix increases while the one of the error parts decreases with same amount. The global noise-to-signal ratio

(NSR) is defined as follow and is therefore monotonically decreased in terms of the model order:

$$\text{NSR} = \frac{\text{Trace}(\hat{\mathbf{E}})}{\text{Trace}(\hat{\mathbf{D}})} \qquad (5.21)$$

The Noise-rate Order Factor (NOF) defines the change in the NSR within two successive model order values:

$$\text{NOF}^{(p)} = \text{NSR}^{(p)} - \text{NSR}^{(p+1)} \qquad (5.22)$$

It is seen that the convergence of the NSR can be served as a criterion for the selection of optimal model order, which has been inspired in AIC or MDL in combination with a linear penalty function. In this paper, only the convergence of the NSR is utilized in term of the order-wise NOF since this latter is insured to be always positive and keeps the convergence of the NSR to zero. Since the NSR decreases significantly at low orders and quickly converges, the convergence of NOF is obviously observable and pick-able. It is evident that the convergence of the NOF may not give the optimal model order as do the AIC and MDL, but the minimum required order for the modal analysis. This minimum model order should therefore be chosen after a significant change in the NOF before stably converging (Figure 5.3). Since the model solution is effectively updated with respect to model order and the window is moving, the selection of minimum order can be applied for time-varying systems.

5.6.2 Working procedure

No window function has been applied on the data. We propose that the data is processed in combination with a progressive search for the model order, as follows. Firstly, the above VAR model is initially applied to a block of data with a reasonable low order value. The length of the first block size could be specified on the smallest natural frequency of interest or of the structure if it is known, as discussed in the next section. Modal parameters are identified and the natural frequencies are estimated by using the signal-to-noise ratio of each eigen-value (MSN) (Pandit 1991) in order to find the smallest frequency to use to specify the length of the next block data. Once the block size is chosen, the minimum model order is selected by the NOF and an order equal to or higher than this minimum value is used to get the modal parameters. The overlapping process can also be employed by changing the sliding step, which can vary from only one sample to the whole length of the rectangular block window.

5.7   Numerical simulation on a mechanical system

A numerical simulation of the proposed method was applied on a system with 3 degrees of freedom (DOF), as shown in Figure 5.1 under an unmeasured random force excitation.

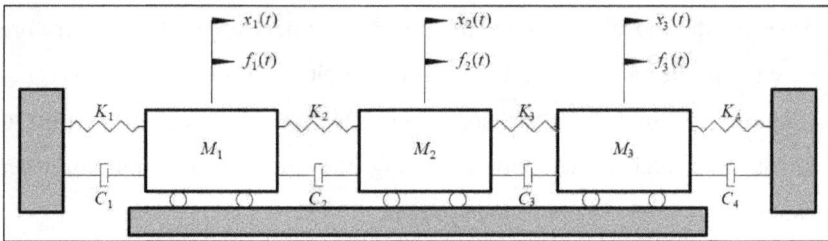

Figure 5.1 Three DOF mechanical system.

5.7.1   Discussion on block data length

The mechanical properties of the system are first kept constant and possess three natural frequencies at 6.4 Hz, 12.6 Hz and 25 Hz, and damping rates at 2 %, 4 % and 7.8 % respectively. Figure 5.2 shows the frequencies and damping rates of the above structure identified by the VAR method, with varying block data lengths.

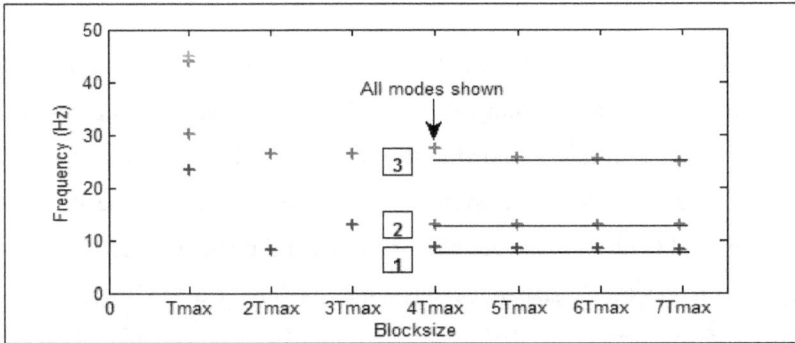

(a) Frequency

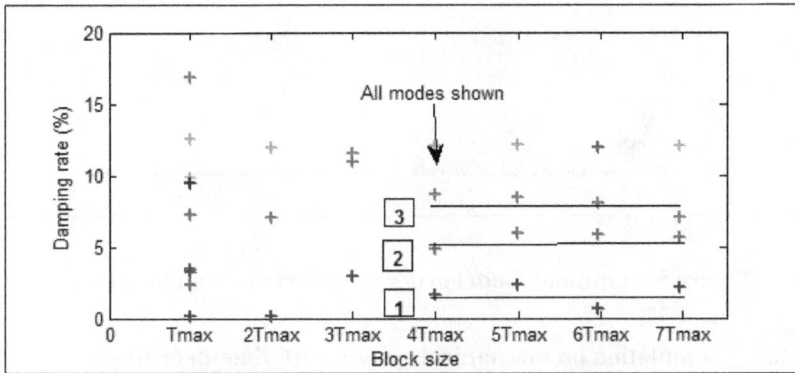

(b) Damping ratio

Figure 5.2 Modal parameter identification with block size.

It is observed that the block size must be larger than 3 times the longest period T_{max} in order to produce the smallest natural frequency value. For that reason, the block size was chosen to be equal to 4 times the period of this frequency. This result was also obtained from others simulations with different number of degree of freedom. In conclusion, when a moderate damped system is subjected to a random excitation, its modal parameters can be monitored at block sizes equal to 4 times the period of the smallest natural frequency.

Figure 5.3 plots the NOF curves of the 3 DOF system at various data length sizes. It is seen that the minimum model order is found accurately at 3 regardless the data length showing the stability of the NOF criterion with respect to data length. It also confirms that if the properties of the structure are subjected to change, the optimal order can still be tracked, and does not depend on the block size once this latter is long enough to show the smallest frequency.

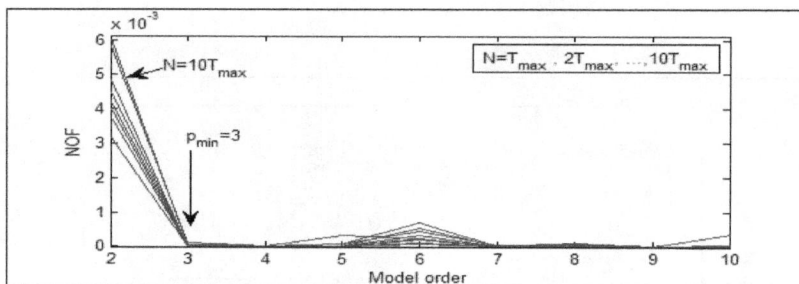

Figure 5.3 Optimal model order at different data block sizes.

5.7.2   Simulation on mechanical system with time-dependent parameters

The above 3 DOF system has been modified to vary its mechanical properties in the time domain, and is always subjected to a random excitation. The mass M_2 is now a time variant factor which changes following the function shown in Figure 5.4.

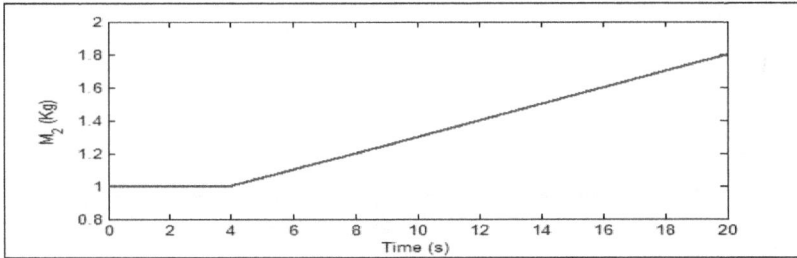

Figure 5.4 Simulated time varying mass function.

Since the data is non-stationary, the minimum model and modal parameters can vary with time, and therefore, the block size should be changed. The initial block size is chosen to be four times its fundamental period. When more data are acquired, the block size is adjusted based on the smallest frequency identified in the previous step. The minimum model and the computing block size used to track the change in the system properties are given in Figure 5.5 and Figure 5.6. It is shown that the minimum order is primarily monitored at 3, except for some outer values. We can observe an adjustment on the block length when the change appears at the second half of the monitoring time. The changes in frequencies and damping rates are plotted on Figure 5.7 and Figure 5.8 respectively. As the mass is increasing, all natural frequencies decrease and can be well tracked. However, we observe a high variance on the damping rates. Only a range from 0 % to 5 % can be identified for mode 1 and from 0 % to 10 % can be identified for modes 2 and 3. This could be due to the necessity to use a higher computing order when the system is continuously varying, and thus the monitoring of the damping ratios requires further researches.

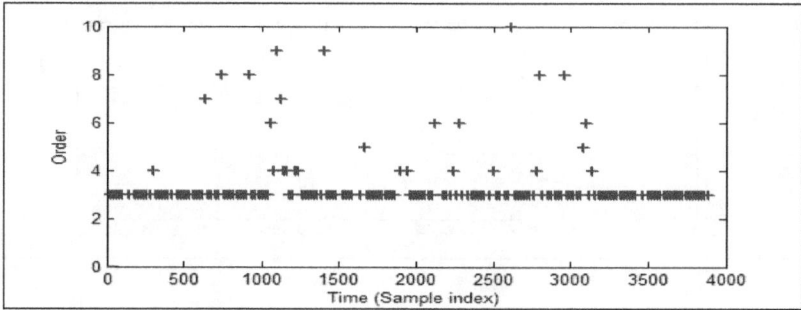

Figure 5.5 Monitoring of minimum order on simulation.

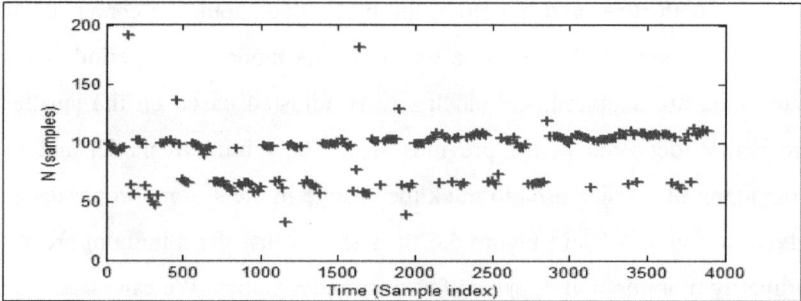

Figure 5.6 Monitoring of block size on simulation.

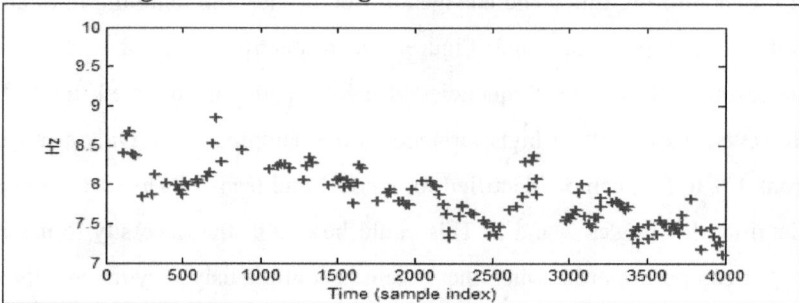

(a) Mode 1

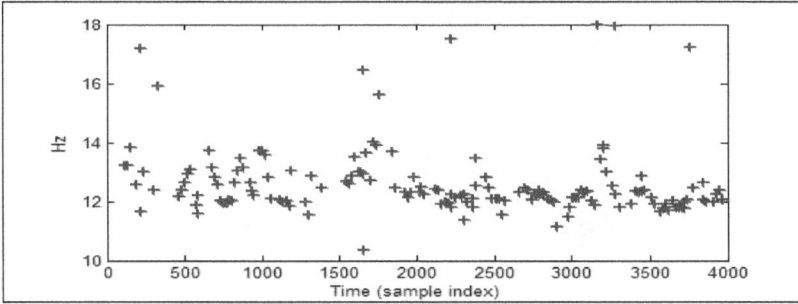

(b) Mode 2

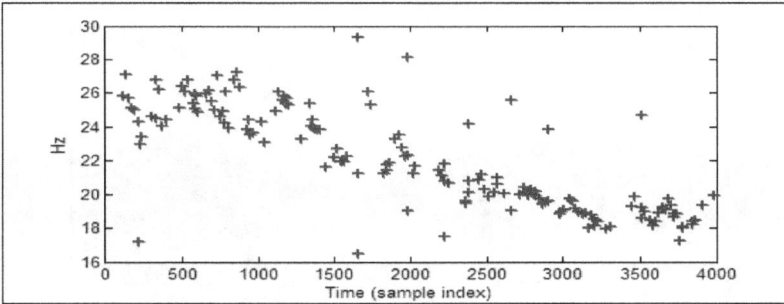

(c) Mode 3

Figure 5.7 Monitoring of frequencies on simulation.

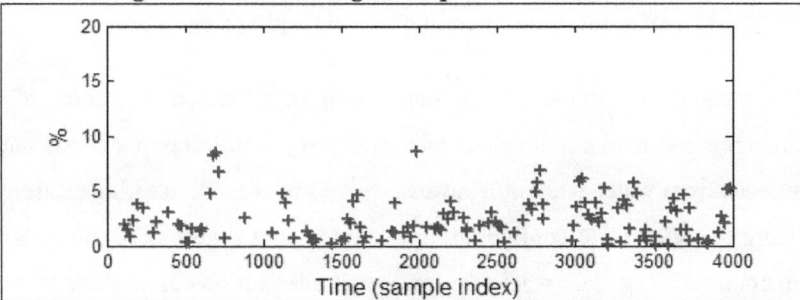

(a) Mode 1

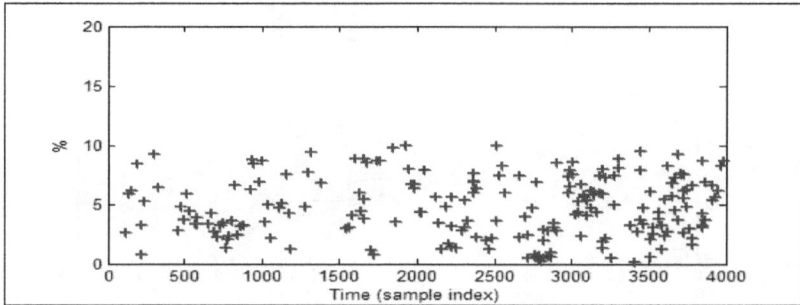

(b) Mode 2

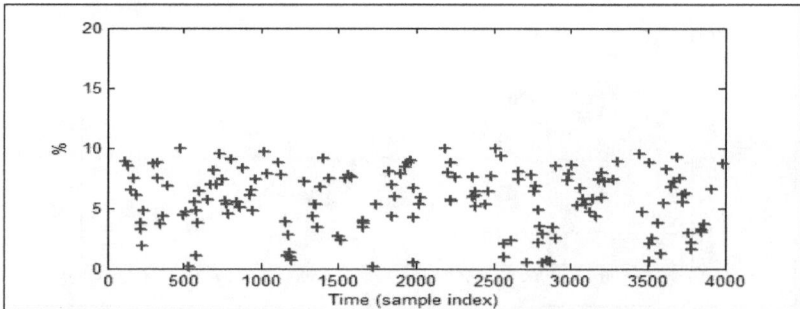

(c) Mode 3

Figure 5.8 Monitoring of damping ratios on simulation.
5.8   Experimental application on an emerging steel plate

The method is applied to the monitoring of vibration occurred in a submerging steel plate. The plate measures 500 mm x 200 mm x 2 mm, and emerges from water while it is always excited by a random turbulent flow. Figure 5.9 shows the configuration of the test and Figure 5.10 presents a temporal response data where the low amplitude portion corresponds to the submerging period and the high amplitude portion attributes to the emergence of the plate from the water to the air. Before the plate rises, its modal parameters are both calculated and identified using analytical and experimental methods (Vu, Thomas *et al.* 2007), as shown in Table 5.1.

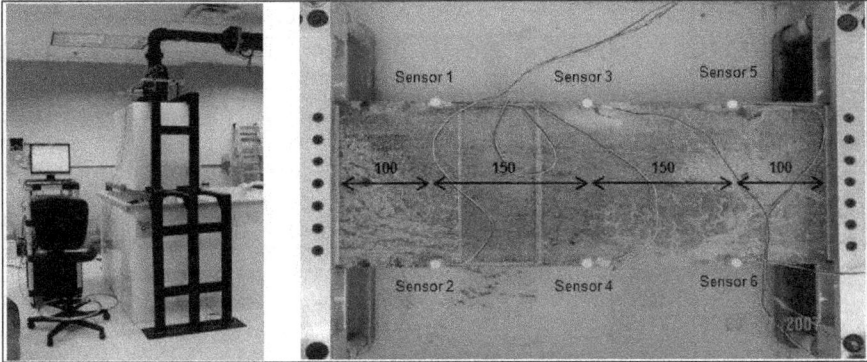

Figure 5.9 Plate test configuration.

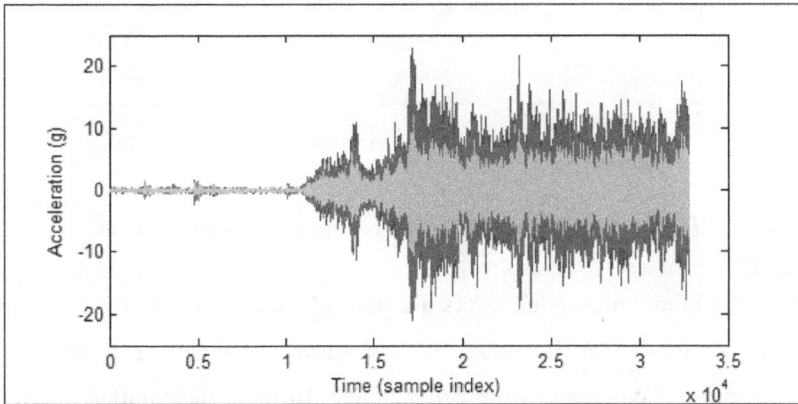

Figure 5.10 Plate temporal response.

Table 5.1 Modal identification of the emerging plate

Mode	Frequency (Hz) in submerging conditions (Depth/plate length ratio)				
	0.6 (totally submerged)	0.4	0.2	0.1	0 (totally in air)
1st	11.9	12.0	12.2	12.7	39.4
2nd	34.1	34.1	34.2	35.0	75.0
3rd	77.7	77.9	78.1	79.5	108.6

| 4th | 135.3 | 135.4 | 135.6 | 137.5 | 164.0 |
| 5th | 151.3 | 151.3 | 151.4 | 152.6 | 210.0 |

Figure 5.11 plots the minimum model order applied to the data over measuring time. It is seen that the minimum order is found primarily from 3 to 6.

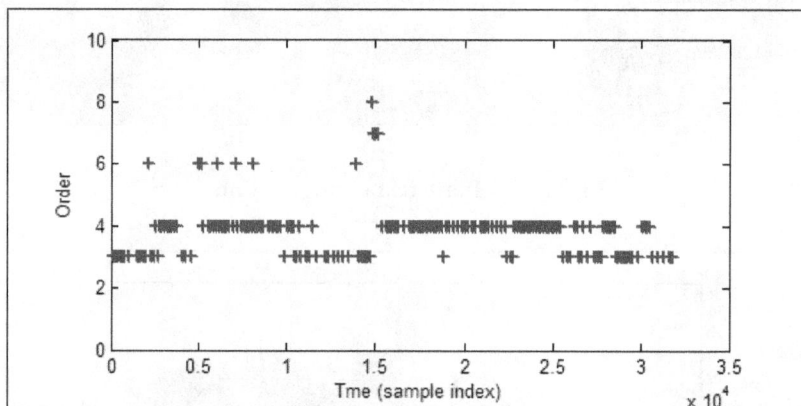

Figure 5.11 Monitoring of plate minimum model order.

Since the minimum model orders are tracked from 3 to 6 and any higher order can be used for the model fitting, Figure 5.12 shows the monitoring of frequencies computed from order higher 10 than the minimum value, where the variations are clearly revealed. The changes in frequencies correspond to the emergence of the plate. Both the slow change when the plate was still in water and the abrupt change when it appears on the surface are monitored. The natural frequencies highly match the calculated values in Table 5.1 to show that the effect of added mass on the plate is accurately monitored (Vu, Thomas *et al.* 2007). Compared to the STFT computed on the first channel with the same configuration in Figure 5.13, it is seen that the proposed STAR method outperforms in terms of revealing the natural frequencies. As reported earlier, the identification of damping ratios undergoes a high variance of the damping value, thus the monitoring of the system change via damping ratios requires a further computations which is proposed in ongoing research of the paper.

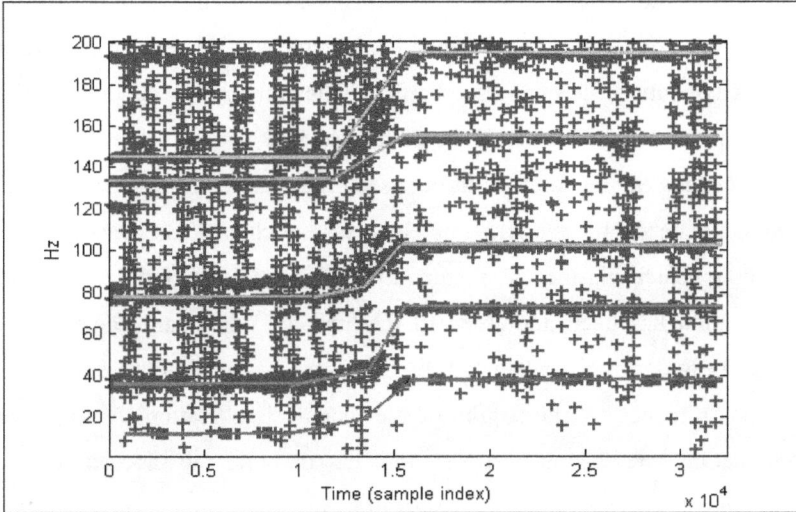

Figure 5.12 Monitoring of plate natural frequencies.

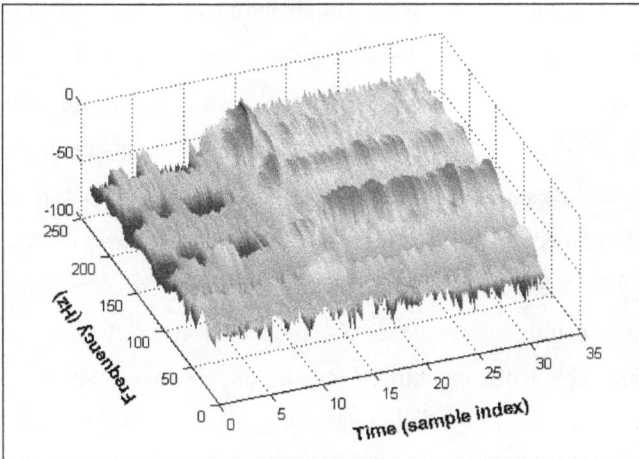

Figure 5.13 Short time Fourier transform.

5.9 Prospect for the future

Non stationary vibration is a topic of interest. It can be seen that modal analysis and monitoring of such vibrations is a new trend for the research. Parametric models with time depending characteristics reserve always a prospective future. Despite its specific application in this chapter on the short time manner with the VAR model, several research directions and improvements can be pointed out. It is seen first that the least squares is the basic estimate for the model parameters. In this chapter, the least squares are implemented via the QR factorization. The stability of this numerical factorization has been addressed in (Golub and Van Loan 1996) and it should be extensively evaluated for the non stationary data since this stability influence all the results of the modal identification. A recursive computation method is also of interest in order to accelerate the implementation. The model order selection is the most important aspect for the parametric modeling. This chapter has presented the introduction of a minimum model order which is very effective for identification of natural frequencies. Further development should be taken on the selection of the computing model order for identifying the damping ratios. It is found that the variance of damping ratios is higher than for the natural frequencies. The effect of the computing model order on the damping identification must thus be investigated in the future, with the type of system variation. The performance of the proposed method has successfully been investigated on a structure dynamically emerging from water. Various applications could be prospectively proposed in mechanical and civil engineering such as the machinery start-up or shutting-down, the detection of cracks in structural health monitoring applied to rotors (Smail, Thomas *et al.* 1999) or bridge, the dynamic behaviour of robots, the on line identification of lobe stabilities in high speed machining monitoring, etc.

However, the results for the monitoring of damping changes are actually not satisfying depending on the system variation type and extended researches should be carried out. Ongoing researches actually focus on the evaluation of the uncertainty of damping ratios with respect to model order, noises and type of excitation.

5.10   Summary

An application of a multivariate autoregressive model with a short-time scheme (STAR) was presented, and covered the monitoring of changes in the modal parameters of non-stationary structures under unknown excitations. In order to track the frequency variations, it is not suitable to use a stabilization diagram and it is preferred to select a minimum order for computing the modal parameters. This model order is effectively selected by the convergence of a newly introduced Noise-rate Order Factor. The model was fast and stably updated with respect to the order by the QR factorization. It is found that the minimum model order value does not depend on the block size if this latter is long enough to identify the first frequency. The block size was minimally found from numerical simulations to be equal to four times the period of the first natural frequency and it has be successfully used for real structures. Consequently, the block sizes vary with variations in the first natural frequency. Numerical simulations and experiments show that the proposed method can be used to track a slow change as well as a sudden change in the frequencies of the structure, and that it outperforms the STFT method. While the monitoring of natural frequencies has been successfully dealt with, those of damping rates are however not enough precise if the excitation is random or the system continuously varying. Research is thus still ongoing on damping identification of time-varying systems.

5.11   Acknowledgements

The support of NSERC (Natural Sciences and Engineering Research Council of Canada) through Research Cooperative grants is gratefully acknowledged. The authors would like to thank Hydro-Quebec's Research Institute for the collaboration.

5.12   References

[1]. Basseville M (1988) *Detecting changes in signals and systems - A survey*. Automatica 24(3):309-326.

[2]. Basseville M, Benveniste A, Gach-Devauchelle B, Goursat M, Bonnecase D, Dorey P, Prevosto M, OlagnonM(1993) *Damage monitoring in vibration mechanics: issues in diagnostics and predictive maintenance*. Mechanical Systems and Signal Processing 7(5):401-423.

[3]. Bellizzi S, Guillemain P, Kronland-Martinet R (2001) *Identification of Coupled Nonlinear Modes from Free Vibrations using Time-Frequency Representations*. Journal of Sound and Vibrations 243(2):191-213.

[4]. Box G E P and G M Jenkins (1970) *Time series analysis: Forecasting and control*. San Francisco, Holden-Day, 575p.

[5]. Ewins D J (2000) *Modal Testing: Theory, Practice and Application (2nd Ed.)*. Wiley, 562p.

[6]. Fassois S D (2001) *Parametric identification of vibrating structures*. In: S.G. Braun, D J Ewins and S S Rao (Ed.) Encyclopedia of Vibration. Acad. Press, N. York:673-685.

[7]. Gabor D (1946) *Theory of Communication*. J. IEEE (London) 93:429-457.

[8]. Gagnon M, Tahan S A, Coutu A and Thomas M (2006) *Operational modal analysis with harmonic excitations: application to a hydraulic turbine*. Proceedings of the 24th Seminar on machinery vibration, Canadian Machinery Vibration Association, ISBN 2-921145-61-8, Montreal:320-329.

[9]. Gang Liang, Wilkes D M and Cadzow J A (1993) *ARMA Model Order Estimation Based on the Eigenvalues of Covariance Matrix*. Transactions on Signal Processing 41(10):3003-3009.

[10]. Golub G and C Van Loan (1996) *Matrix computations*. London, The Johns Hopkins University Press, 732p.

[11]. Hammond J K and White P R (1996) *The analysis of non stationary signals using timefrequency methods*. Journal of Sound and Vibration 190:419-447.

[12]. Hannan E J (1980) *The estimation of the order of an ARMA process*. The Annals of Statistics 8(5):1071-1081.

[13]. He X and G De Roeck (1997) *System identification of mechanical structures by a high-order multivariate autoregressive model*. Computers and Structures 64(1-4):341-351.

[14]. Hermans L and Van der Auweraer H (1999) *Modal testing and analysis of structures under operational conditions: Industrial applications*. Mechanical Systems and Signal Processing 13(2):193-216.

[15]. Huang C S (2001) *Structural identification from ambient vibration measurement using the multivariate AR model*. Journal of Sound and Vibration 241(3):337-359.

[16]. Li C S, W J Ko, H T Lin and R J Shyu (1993) *Vector Autoregressive Modal Analysis With Application To Ship Structures*. Journal of Sound and Vibration 167(1):1-15.

[17]. Li J, Liu Z, Thomas M and Fihey J L (2007) *Dynamic Analysis of a Planar Manipulator with Flexible Joints and Links*. Fifth International Conf. on Industrial Automation, Montréal, ROB06, 4p.

[18]. Lutkepohl H (1993) *Introduction to Multiple Time Series Analysis (2nd ed.)*. Springer-Verlag, Berlin, 545p.

[19]. Mahon M, L Sibul and H Valenzuela (1993) *A sliding window update for the basis matrix of the QR-decomposition*. IEEE Trans. Signal Processing 41:1951-1953.

[20]. Maia N M M and J M M Silva (2001) *Modal analysis identification techniques*. Royal society 359:29-40.

[21]. Mohanty P and Rixen D J (2004) *Operational modal analysis in the presence of harmonic excitation*. Journal of Sound and Vibration 270:93-109.

[22]. Owen J S, B J Eccles, Choo B S andWoodingsMA (2001) *The application of auto-regressive time series modelling for the time-frequency analysis of civil engineering structures*. Engineering Structures 23:521-536.

[23]. Pandit S M (1991) *Modal and spectrum analysis: data dependent systems in state space*. New York, N.Y., J. Wiley and Sons, 415p.

[24]. Poulimenos A G and Fassois S D (2004) *Non stationary vibration modelling and analysis via functional series TARMA models*. 5th International conference on acoustical and vibratory surveillance methods and diagnostic techniques, Surveillance 5, Senlis, 10p.

[25]. Poulimenos A G and S D Fassois (2006) *Parametric time-domain methods for non-stationary random vibration modelling and analysis - A critical survey and comparison*. Mechanical Systems and Signal Processing 20(4):763-816.

[26]. Rissanen J (1978) *Modeling by shortest data description*. Automatica 14:465-471.

[27]. Safizadeh M S, Lakis A A and Thomas M (2000) *Using Short Time Fourier Transform in Machinery Fault Diagnosis*. International Jour. of Condition Monitoring and Diagnosis Engineering Management 3(1):5-16.

[28]. Sinha J K, S Singh and A Rama Rao (2003) *Added mass and damping of submerged perforated plates*. Journal of Sound and Vibration 260(3):549-564.

[29]. Smail M, Thomas M and Lakis A A (1999) *Assessment of optimal ARMA model orders for modal analysis*. Mechanical systems and Signal Processing journal 13(5):803-819.

[30]. Smail M, Thomas M and Lakis A A (1999) *Use of ARMA model for detecting cracks in rotors (in french)*. Proceedings of the 3rd Industrial Automation International conference AIAI, Montreal, pp 21.1-21.4.

[31]. Strobach P and D Goryn (1993) *A computation of the sliding window recursive QR decomposition*. Proc. ICASSP:29-32.

[32]. Thomas M, Abassi K, Lakis A A and Marcouiller L (2005) *Operational modal analysis of a structure subjected to a turbulent flow*. Proceedings of the 23rd Seminar on machinery vibration, Canadian Machinery Vibration Association, Edmonton, AB, 10p.

[33]. Uhl T (2005) *Identification of modal parameters for non-stationary mechanical systems*. In: Arch. Appl. Mech. 74:878- 889.

[34]. Vu V H, M Thomas, A A Lakis and L Marcouiller (2009) *Online monitoring of varying modal parameters by operating modal analysis and model updating*. CIRI2009, Reims, France, 18p.

[35]. Vu V H, M Thomas, A A Lakis and L Marcouiller (2007) *Identification of modal parameters by experimental operational modal analysis for the assessment of bridge rehabilitation*.

Proceedings of International operational modal analysis conference (IOMAC 2007). Copenhagen, Denmark: 133-142.

[36]. Vu V H, Thomas M and Lakis A A (2006) *Operational modal analysis in time domain*. Proceedings of the 24th Seminar on machinery vibration, Canadian Machinery Vibration Association, ISBN 2-921145-61-8, Montreal: 330-343.

[37]. Vu V H, M Thomas, A A Lakis and L Marcouiller (2007) *Identification of added mass on submerged vibrated plates*. Proceedings of the 25th Seminar on machinery vibration, Canadian Machinery Vibration Association, St John: 40.1- 40.15.

[38]. Wahab M M Abdel and G De Roeck (1999) *An effective method for selecting physical modes by vector autoregressive models*. Mechanical Systems and Signal Processing 13:449-474.

5.13   Selected bibliography

This chapter addresses to the monitoring of modal parameters in non stationary vibrations by using operational modal analysis. The fundamental model is the autoregressive (AR). Readers are recommended to back to (Box and Jenkins 1970) for the introduction on time series modeling and detail of vector autoregressive model (VAR) model for operational modal analysis. This multivariate model has been used in modal analysis in some works such (Li, Ko *et al.* 1993), (He and De Roeck 1997), (Abdel Wahab and De Roeck 1999), (Huang 2001), (Owen, Eccles *et al.* 2001). A very good book on modal analysis using the AR model is (Pandit 1991) where detail on modal identification and selection of modes can be interesting found. A critical survey of the application of non stationary vibrations can be found in (Poulimenos and Fassois 2006). Especially, damage monitoring can be found in (Basseville 1988), (Basseville, Benveniste *et al.* 1993),

(Vu, Thomas *et al.* 2007). Finally Fluid-structure interaction is experimentally described in (Thomas, Abassi *et al.* 2005), (Vu, Thomas *et al.* 2007).

CHAPITRE 6

PRÉSENTATION DE L'ARTICLE: *'ONLINE MODAL MONITORING OF NON STATIONARY SYSTEMS'*

6.1   Résumé

Ce chapitre présente un article qui a été publié dans la revue INTERNATIONAL JOURNAL ON INDUSTRIAL RISKS ENGINEERING (IJ-IRI), Vol. 3, No. 1, 2010 : 45-65.

Un nouvel algorithme basé sur un modèle autorégressif AR pour la surveillance en ligne des paramètres modaux d'une structure non stationnaire et soumise à une excitation inconnue, est présenté. La méthode consiste à appliquer une fenêtre glissante à court temps sur le signal. La solution à l'intérieur de chaque fenêtre est calculée par les moindres carrés récursifs via la décomposition QR. Dans cette méthode récursive, seulement une sous-matrice du facteur R est soumise à la manipulation mathématique. Un ordre minimum du modèle est trouvé et mis à jour en temps réel. Le critère de ''minimum description length'' est utilisé pour calculer l'ordre effectif. Ce dernier peut être mise à jour en ordre croissant ou décroissant. Diverses données numériques et expérimentales sont présentées pour valider la méthode proposée, en élaborant soit un changement instantané ou graduel sur un système excité par une impulsion, une force harmonique ou aléatoire. La méthode a montré que la variation temporelle des fréquences est bien identifiée dans tous les cas considérés. Par contre, la variation des taux d'amortissement est difficile à suivre si la structure est excitée par une force aléatoire avec très grande variance ou quand il y en a un changement graduel continu.

Mots clés : Model autorégressif, Moindres carrés récursifs, Mise à jour de décomposition QR, Sélection de l'ordre, Identification des paramètres modaux, Système variant, Fenêtres glissées.

6.2   Abstract

A new algorithm for the online monitoring of varying modal parameters in vibrating structures subjected to unknown excitations is presented by using a vector autoregressive model. The method consists in applying a Short Time Sliding Window (STSW) on the signal. The solution, inside each sliding window, is found by applying a recursive multivariable least squares method via the computation of the QR factorization on the vector autoregressive model. In this method, only the R sub-matrix of the QR factorization needs to be manipulated. An efficient model order is real time defined and updated. The minimum description length criterion is utilized to select an efficient model order which may be updated by increasing or decreasing order with respect to time from previous computational window. Various numerical and experimental data are presented to validate the proposed method; by investigating either abrupt or gradual changes in the system under white noise and various kinds of excitations such an impulsion, a sinusoidal or a random force. The results show that the modal parameters variation can be accurately identified and monitored but the monitoring of damping variation is more difficult if the system is continuously subjected to gradual changes or is excited by random excitations with high variances.

Keywords: Autoregressive model; recursive least squares; QR factorization updating; model order selection; modal parameter identification; varying system, sliding window.

6.3   Vector autoregressive model for modal analysis

The identification of structural modal parameters (Maia and Silva 2001) plays an important role in structural health monitoring and is usually conducted by using experimental modal analysis methods in the frequency domain in a wide range of applications (Ewins 2000). However, in several industrial applications (Wasserman, Badger *et al.* 1974) where it is not suitable to stop the machines or structures, the forces cannot be measured and are unknown. Since the forces result from natural excitations, operating modal analysis must fortunately be conducted (Hermans and Van Der Auweraer 1999), (Vu, Thomas *et al.* 2006) for the monitoring of the structural modal parameters. Examples of such industrial applications can be found in bridge monitoring (Andersen 1997), (Vu, Thomas *et al.* 2007), in identification of added mass and damping in fluid-structure interactions (Vu, Thomas *et al.* 2007), (Thomas, Abassi *et al.* 2005), in crack detection (Smail, Thomas *et al.* 1999) and in damage or crack monitoring of structures (Basseville 1988), (Basseville, Benveniste *et al.* 1993). The time domain has been found to be more suitable for operational modal analysis (Pandit 1991), (Vu, Thomas *et al.* 2007) and several methods can be cited for the identification of time data, such as Ibrahim time domain method (ITD) (Ibrahim and Mikulcik 1977), the least squares complex exponential (LSCE) (Brown, Allemang *et al.* 1979), etc. Assuming a random environment, the excitation may be ignored and since modal analysis required multiple measurement locations, a vector autoregressive model should be applied (Vu, Thomas *et al.* 2007) with a d sensor dimension and can be expressed as follows:

$$\mathbf{y}(t) = \mathbf{\Lambda}\mathbf{z}(t) + \mathbf{e}(t) \tag{6.1}$$

where : $\mathbf{\Lambda} = \begin{bmatrix} -\mathbf{A}_1 & -\mathbf{A}_2 & \dots & -\mathbf{A}_p \end{bmatrix}$ size $d \times dp$ is the parameter matrix

$\mathbf{A}_i$ size $d \times d$ is the matrix of parameters relating the output $\mathbf{y}(t-i)$ to $\mathbf{y}(t)$

$\mathbf{z}(t)$ size $dp \times 1$ is the regressor for the output vector $\mathbf{y}(t)$, $\mathbf{z}(t)^{\mathrm{T}} = \begin{bmatrix} \mathbf{y}(t-1)^{\mathrm{T}} & \mathbf{y}(t-1)^{\mathrm{T}} & \dots & \mathbf{y}(t-1)^{\mathrm{T}} \end{bmatrix}$

$\mathbf{y}(t-i)$ size $d \times 1$ $(i=1:p)$ is the output vector with delays time $i \times T_s$

$\mathbf{e}(t)$ size $d \times 1$ is the residual vector of all output channels considered as the error of model

When the data are assumed to be measured in a white noise environment, the least squares estimation may be assumed as unbiased (Smail, Thomas *et al.* 1999). If N successive output vectors of the responses from $\mathbf{y}(k)$ to $\mathbf{y}(k+N-1)$ are considered ($k > p$, $N > dp+d$ for $\mathbf{z}(t)$ to be definitive), the model parameters matrix Λ can be expressed via the computation of the QR factorization (Vu, Thomas *et al.* 2007) as follows:

$$\Lambda = (\mathbf{R}_{12}^{\mathrm{T}} \mathbf{R}_{11}) \cdot (\mathbf{R}_{11}^{\mathrm{T}} \mathbf{R}_{11})^{-1} = (\mathbf{R}_{11}^{-1} \mathbf{R}_{12})^{\mathrm{T}} \tag{6.2}$$

In these formulas, $\mathbf{R}_{11}$ (size $dp \times dp$), $\mathbf{R}_{12}$ (size $dp \times d$) and $\mathbf{R}_{22}$ (size $d \times d$) are sub-matrices of the upper triangular factor $\mathbf{R}$ (size $N \times dp+d$) derived from the QR factorization of the data matrix as follows:

$$\mathbf{K} = \mathbf{Q} \times \mathbf{R} \tag{6.3}$$

where $\mathbf{Q}$ (size $N \times N$) is an orthogonal matrix (that is $\mathbf{Q} \times \mathbf{Q}^{\mathrm{T}} = \mathbf{I}$), $\mathbf{R}$ has the form:

$$\mathbf{R} = \begin{bmatrix} \mathbf{R}_{11} & \mathbf{R}_{12} \\ \mathbf{0} & \mathbf{R}_{22} \\ \mathbf{0} & \mathbf{0} \end{bmatrix} \tag{6.4}$$

and data matrix $\mathbf{K}$ of size $N \times dp+d$ is constructed from N successive samples:

$$\mathbf{K} = \begin{bmatrix} \mathbf{z}(t)^{\mathrm{T}} & \mathbf{y}(t)^{\mathrm{T}} \\ \mathbf{z}(t+1)^{\mathrm{T}} & \mathbf{y}(t+1)^{\mathrm{T}} \\ \cdots & \cdots \\ \mathbf{z}(t+N-1)^{\mathrm{T}} & \mathbf{y}(t+N-1)^{\mathrm{T}} \end{bmatrix} \tag{6.5}$$

Once the model parameters matrix has been estimated, modal parameters can be directly identified from the eigendecomposition of the state matrix Π (Pandit 1991).

$$\Pi = \begin{bmatrix} -\mathbf{A}_1 & -\mathbf{A}_2 & ... & -\mathbf{A}_{p-1} & -\mathbf{A}_p \\ \mathbf{I} & 0 & ... & 0 & 0 \\ 0 & \mathbf{I} & ... & 0 & 0 \\ ... & ... & ... & ... & ... \\ 0 & 0 & ... & \mathbf{I} & 0 \end{bmatrix} \qquad (6.6)$$

The requirement of selecting the model order is a disadvantage of autoregressive methods. A too low order will lead to erroneous results while a too large order will take too much computational time and may result in divergence. Consequently, it is suitable to find an efficient order that leads to a good compromise between precision and computational time (Smail, Thomas *et al.* 1999), (Hannan 1980), (Liang, Wilkes *et al.* 1993), (Smail, Thomas *et al.* 1999). An efficient order can be selected from various optimization-based criteria such as AIC (Kashyap 1980) or MDL and other variants (Rissanen 1978). In this paper, we propose the using of MDL which is a very good criterion for short data modelling and consequently suitable for monitoring (Rissanen 1978), (Lutkepohl 1993).

$$\mathrm{MDL}(p) = \frac{\log(\|\hat{\mathbf{e}}(t)\|)}{d} + \log(1 + \frac{2d.p}{N} \log N) \qquad (6.7)$$

where $\|\hat{\mathbf{e}}(t)\|$ is a norm of the estimated model error, which is taken from the sum of the main diagonal of the estimated error covariance matrix:

$$\hat{\mathbf{E}} = \frac{1}{N} \mathbf{R}_{22}^{\mathrm{T}} \mathbf{R}_{22} \qquad (6.8)$$

6.4 Updating methods

In structural health monitoring, the online survey of modal parameters requires an updating of algorithm. Since the model order can vary, the conventional recursive least squares updating algorithm (Sayed and Kailath 1994) presents a certain amount of difficulties while changing the model order. In this paper, the parameter matrix is computed via the QR factorization and three methods are presented in order to update the solution with respect to both, time and model order where the efficient order is obtained directly from a previous time scheme.

6.4.1 Updating in time

The QR factorization at model order p should be recursively updated when a new set of samples data is available along with measuring time. From the matrices $\mathbf{Q}^{(k)}$ and $\mathbf{R}^{(k)}$ of data matrix $\mathbf{K}^{(k)}$ at time $t = k$, one needs an update to $\mathbf{Q}^{(k+s)}$ and $\mathbf{R}^{(k+s)}$ at time $t = k+s$ where the data matrix $\mathbf{K}^{(k+s)}$ is found by deleting the first s rows and appending more s rows to matrix $\mathbf{K}^{(k)}$.

$$\mathbf{K}^{(k)} = \begin{bmatrix} \mathbf{z}(k)^{\mathrm{T}} & \mathbf{y}(k)^{\mathrm{T}} \\ \mathbf{z}(k+1)^{\mathrm{T}} & \mathbf{y}(k+1)^{\mathrm{T}} \\ \cdots & \cdots \\ \mathbf{z}(k+N-1)^{\mathrm{T}} & \mathbf{y}(k+N-1)^{\mathrm{T}} \end{bmatrix} \tag{6.9}$$

$$\mathbf{K}^{(k+s)} = \begin{bmatrix} \mathbf{z}(k+s)^{\mathrm{T}} & \mathbf{y}(k+s)^{\mathrm{T}} \\ \mathbf{z}(k+s+1)^{\mathrm{T}} & \mathbf{y}(k+s+1)^{\mathrm{T}} \\ \cdots & \cdots \\ \mathbf{z}(k+s+N-1)^{\mathrm{T}} & \mathbf{y}(k+s+N-1)^{\mathrm{T}} \end{bmatrix} \tag{6.10}$$

The relationship can firstly be established as follows:

$$\begin{bmatrix} \mathbf{K}^{(k)} \\ \mathbf{z}(k+1+N-1)^{\mathrm{T}} & \mathbf{y}(k+1+N-1)^{\mathrm{T}} \\ \cdots & \cdots \\ \mathbf{z}(k+s+N-1)^{\mathrm{T}} & \mathbf{y}(k+s+N-1)^{\mathrm{T}} \end{bmatrix} = \begin{bmatrix} \mathbf{z}(k)^{\mathrm{T}} & \mathbf{y}(k)^{\mathrm{T}} \\ \cdots & \cdots \\ \mathbf{z}(k+s-1)^{\mathrm{T}} & \mathbf{y}(k+s-1)^{\mathrm{T}} \\ \mathbf{K}^{(k+s)} \end{bmatrix} \tag{6.11}$$

That gives in terms of the QR decomposition of the data matrix:

$$\begin{bmatrix} \mathbf{Q}^{(k)}\mathbf{R}^{(k)} \\ \mathbf{z}(k+1+N-1)^{\mathrm{T}} & \mathbf{y}(k+1+N-1)^{\mathrm{T}} \\ ... & ... \\ \mathbf{z}(k+s+N-1)^{\mathrm{T}} & \mathbf{y}(k+s+N-1)^{\mathrm{T}} \end{bmatrix} = \begin{bmatrix} \mathbf{z}(k)^{\mathrm{T}} & \mathbf{y}(k)^{\mathrm{T}} \\ ... & ... \\ \mathbf{z}(k+s-1)^{\mathrm{T}} & \mathbf{y}(k+s-1)^{\mathrm{T}} \\ \mathbf{Q}^{(k+s)}\mathbf{R}^{(k+s)} \end{bmatrix} \quad (6.12)$$

and in innovative form:

$$\begin{bmatrix} \mathbf{Q}^{(k)} & \mathbf{0} \\ \mathbf{0} & \mathbf{I}_s \end{bmatrix} \begin{bmatrix} \mathbf{R}^{(k)} \\ \mathbf{z}(k+1+N-1)^{\mathrm{T}} & \mathbf{y}(k+1+N-1)^{\mathrm{T}} \\ ... & ... \\ \mathbf{z}(k+s+N-1)^{\mathrm{T}} & \mathbf{y}(k+s+N-1)^{\mathrm{T}} \end{bmatrix} = \begin{bmatrix} \mathbf{I}_s & \mathbf{0} \\ \mathbf{0} & \mathbf{Q}^{(k+s)} \end{bmatrix} \begin{bmatrix} \mathbf{z}(k)^{\mathrm{T}} & \mathbf{y}(k)^{\mathrm{T}} \\ ... & ... \\ \mathbf{z}(k+s-1)^{\mathrm{T}} & \mathbf{y}(k+s-1)^{\mathrm{T}} \\ \mathbf{R}^{(k+s)} \end{bmatrix} \quad (6.13)$$

where $\mathbf{I}_s$ is the identity matrix.

In this algorithm, one wants an update of the sub-matrices $\mathbf{R}_{11}$, $\mathbf{R}_{12}$ and $\mathbf{R}_{22}$ of matrix $\mathbf{R}$ as defined in equation (6.4). Matrices $\mathbf{R}^{(k)}$ and $\mathbf{R}^{(k+s)}$ should therefore be partitioned in a well conditioned form:

$$\begin{bmatrix} \mathbf{Q}^{(k)} & \mathbf{0} \\ \mathbf{0} & \mathbf{I}_s \end{bmatrix} \begin{bmatrix} \mathbf{R}_1^{(k)} & \mathbf{R}_2^{(k)} \\ \mathbf{z}(k+1+N-1)^{\mathrm{T}} & \mathbf{y}(k+1+N-1)^{\mathrm{T}} \\ ... & ... \\ \mathbf{z}(k+s+N-1)^{\mathrm{T}} & \mathbf{y}(k+s+N-1)^{\mathrm{T}} \end{bmatrix} = \begin{bmatrix} \mathbf{I}_s & \mathbf{0} \\ \mathbf{0} & \mathbf{Q}^{(k+s)} \end{bmatrix} \begin{bmatrix} \mathbf{z}(k)^{\mathrm{T}} & \mathbf{y}(k)^{\mathrm{T}} \\ ... & ... \\ \mathbf{z}(k+s-1)^{\mathrm{T}} & \mathbf{y}(k+s-1)^{\mathrm{T}} \\ \mathbf{R}_1^{(k+s)} & \mathbf{R}_2^{(k+s)} \end{bmatrix} \quad (6.14)$$

where the new sub-matrices $\mathbf{R}_1^{(k)}$ (size $N \times dp$) and $\mathbf{R}_2^{(k)}$ (size $N \times dp$) are related to the sub-matrices $\mathbf{R}_{11}^{(k)}$, $\mathbf{R}_{12}^{(k)}$ and $\mathbf{R}_{22}^{(k)}$ as follows:

$$\mathbf{R}_1^{(k)} = \begin{bmatrix} \mathbf{R}_{11}^{(k)} \\ \mathbf{0} \end{bmatrix} \quad \text{and} \quad \mathbf{R}_2^{(k)} = \begin{bmatrix} \mathbf{R}_{12}^{(k)} \\ \mathbf{R}_{22}^{(k)} \end{bmatrix} \quad (6.15)$$

If the first dp columns of equation (6.14) are extracted, we obtain:

$$\begin{bmatrix} \mathbf{Q}^{(k)} & \mathbf{0} \\ \mathbf{0} & \mathbf{I}_s \end{bmatrix} \begin{bmatrix} \mathbf{R}_1^{(k)} \\ \mathbf{z}(k+1+N-1)^{\mathrm{T}} \\ ... \\ \mathbf{z}(k+s+N-1)^{\mathrm{T}} \end{bmatrix} = \begin{bmatrix} \mathbf{I}_s & \mathbf{0} \\ \mathbf{0} & \mathbf{Q}^{(k+s)} \end{bmatrix} \begin{bmatrix} \mathbf{z}(k)^{\mathrm{T}} \\ ... \\ \mathbf{z}(k+s-1)^{\mathrm{T}} \\ \mathbf{R}_1^{(k+s)} \end{bmatrix} \quad (6.16)$$

It can be seen that equation (6.16) is a sub-problem of equation (6.12) for the first dp columns. The right hand side can then be transformed from the left one by using two sets of orthogonal Givens rotations, as described below.

The first set $\mathbf{G}_1$ applies on the matrix $\begin{bmatrix} \mathbf{R}_1^{(k)} \\ \mathbf{z}(k+1+N-1)^{\mathrm{T}} \\ \cdots \\ \mathbf{z}(k+s+N-1)^{\mathrm{T}} \end{bmatrix}$ to annihilate all

$dp \times s$ elements on the last s rows (from 1st column to the last column and from low to up) to obtain an upper triangular matrix. It is seen that $\mathbf{G}_1$ has the following form:

$$\mathbf{G}_1 = (\mathbf{J}_{N+1,dp} \cdots \mathbf{J}_{N+s,dp}) \cdots (\mathbf{J}_{N+1,1} \cdots \mathbf{J}_{N+s,1}) \tag{6.17}$$

where $\mathbf{J}_{i,j}$ of size $N+s \times N+s$ is the Givens matrix zeroing the $(i,j)^{th}$ element of the matrix in the previous step

$\mathbf{J}_{i+1,j} \cdots \mathbf{J}_{N+s,j} \cdots (\mathbf{J}_{N+1,1} \cdots \mathbf{J}_{N+s,1}) \begin{bmatrix} \mathbf{R}_1^{(k)} \\ \mathbf{z}(k+1+N-1)^{\mathrm{T}} \\ \cdots \\ \mathbf{z}(k+s+N-1)^{\mathrm{T}} \end{bmatrix}$ (let call $\mathbf{S}_{j+1,j}$) and $(\mathbf{J}_{N+1,j} \cdots \mathbf{J}_{N+s,j})$ is

the set of matrices applied to the jth column of the initial matrix

$\begin{bmatrix} \mathbf{R}_1^{(k)} \\ \mathbf{z}(k+1+N-1)^{\mathrm{T}} \\ \cdots \\ \mathbf{z}(k+s+N-1)^{\mathrm{T}} \end{bmatrix}$ from low to up.

These Givens matrices are easily constructed in common form as follows:

$$
\mathbf{J}_{i,j} =
\begin{bmatrix}
1 & \cdots & 0 & \cdots & 0 & \cdots & 0 \\
\vdots & \ddots & \vdots & & \vdots & & \vdots \\
0 & \cdots & \cos & \cdots & \sin & \cdots & 0 \\
\vdots & & \vdots & \ddots & \vdots & & \vdots \\
0 & \cdots & -\sin & \cdots & \cos & \cdots & 0 \\
\vdots & & \vdots & & \vdots & \ddots & \vdots \\
0 & \cdots & 0 & \cdots & 0 & \cdots & 1
\end{bmatrix}
\begin{matrix} \\ \\ j \\ \\ i \\ \\ \\ \end{matrix}
\tag{6.18}
$$

where $\cos$ and $\sin$ are computed from two elements $\mathbf{S}(j,j)$ and $\mathbf{S}(i,j)$ as

$$
\cos = \frac{\mathbf{S}(j,j)}{\sqrt{\mathbf{S}(j,j)^2 + \mathbf{S}(i,j)^2}} \quad \text{and} \quad \sin = \frac{\mathbf{S}(i,j)}{\sqrt{\mathbf{S}(j,j)^2 + \mathbf{S}(i,j)^2}}.
$$

The left side term of (6.16) can be rewritten as:

$$
\begin{bmatrix} \mathbf{Q}^{(k)} & \mathbf{0} \\ \mathbf{0} & \mathbf{I}_s \end{bmatrix}
\begin{bmatrix} \mathbf{R}_1^{(k)} \\ \mathbf{z}(k+1+N-1)^{\mathrm{T}} \\ \cdots \\ \mathbf{z}(k+s+N-1)^{\mathrm{T}} \end{bmatrix}
=
\begin{bmatrix} \mathbf{Q}^{(k)} & \mathbf{0} \\ \mathbf{0} & \mathbf{I}_s \end{bmatrix} \mathbf{G}_1^{\mathrm{T}} \mathbf{G}_1
\begin{bmatrix} \mathbf{R}_1^{(k)} \\ \mathbf{z}(k+1+N-1)^{\mathrm{T}} \\ \cdots \\ \mathbf{z}(k+s+N-1)^{\mathrm{T}} \end{bmatrix}
= \bar{\mathbf{Q}}^{(k)} \mathbf{G}_1
\begin{bmatrix} \mathbf{R}_1^{(k)} \\ \mathbf{z}(k+1+N-1)^{\mathrm{T}} \\ \cdots \\ \mathbf{z}(k+s+N-1)^{\mathrm{T}} \end{bmatrix}
\tag{6.19}
$$

The second set of Givens rotations $\mathbf{G}_2$ is used to set unitary the first s rows and columns of the augmented matrix $\bar{\mathbf{Q}}^{(k)} = \begin{bmatrix} \mathbf{Q}^{(k)} & \mathbf{0} \\ \mathbf{0} & \mathbf{I}_s \end{bmatrix} \mathbf{G}_1^{\mathrm{T}}$.

Consider vector of size $N+s\times 1$ $\mathbf{z}_r^{(k)} = \bar{\mathbf{q}}_r^{(k)\mathrm{T}}$ where $\bar{\mathbf{q}}_r^{(k)}$ is the rth row of the increased matrix $\bar{\mathbf{Q}}_{r-1}^{(k)}$ at the $(r-1)^{th}$ computational step $(r=1\!:\!s)$, since $\mathbf{z}_r^{(k)}$ is orthonormal ($\mathbf{z}_r^{(k)\mathrm{T}}\mathbf{z}_r^{(k)} = 1$), one can have:

$$
\mathbf{G}_{2,r}\mathbf{z}_r^{(k)} = \bar{\mathbf{J}}_{r+1}\bar{\mathbf{J}}_{r+2}\cdots\bar{\mathbf{J}}_{N+s}\mathbf{z}_r^{(k)} = \begin{bmatrix} 0 & \cdots & 1 & \cdots & 0 & \cdots & 0 \end{bmatrix}^{\mathrm{T}}
\tag{6.20}
$$

where the Givens matrix $\bar{\mathbf{J}}_i$ zeroing the ith element of $\mathbf{z}_r^{(k)}$ is in the form:

$$\bar{\mathbf{J}}_i = \begin{bmatrix} 1 & \dots & 0 & 0 & \dots & 0 \\ \vdots & \ddots & \vdots & \vdots & \vdots & \vdots \\ 0 & \dots & \cos & \sin & \dots & 0 \\ 0 & \dots & -\sin & \cos & \dots & 0 \\ \vdots & \vdots & \vdots & \vdots & \ddots & \vdots \\ 0 & \dots & 0 & 0 & \dots & 1 \end{bmatrix} \begin{matrix} \\ \\ (i-1) \\ (i) \\ \\ \\ \end{matrix} \qquad (6.21)$$

with $\cos = \dfrac{\mathbf{z}_r^{(k)}(i-1)}{\sqrt{(\mathbf{z}_r^{(k)}(i-1))^2 + (\mathbf{z}_r^{(k)}(i))^2}}$ and $\sin = \dfrac{\mathbf{z}_r^{(k)}(i)}{\sqrt{(\mathbf{z}_r^{(k)}(i-1))^2 + (\mathbf{z}_r^{(k)}(i))^2}}$.

Computing the matrix $\mathbf{G}_2$ hence shows it to be equal to the multiplication of s components:

$$\mathbf{G}_2 = \prod_{r=s}^{1} \mathbf{G}_{2,r} \qquad (6.22)$$

The left side terms of (6.16) and (6.19) are thus further rewritten:

$$\begin{bmatrix} \mathbf{Q}^{(k)} & \mathbf{0} \\ \mathbf{0} & \mathbf{I}_s \end{bmatrix} \begin{bmatrix} \mathbf{R}_1^{(k)} \\ \mathbf{z}(k+1+N-1)^{\mathrm{T}} \\ \dots \\ \mathbf{z}(k+s+N-1)^{\mathrm{T}} \end{bmatrix} = \begin{bmatrix} \mathbf{Q}^{(k)} & \mathbf{0} \\ \mathbf{0} & \mathbf{I}_s \end{bmatrix} \mathbf{G}_1^{\mathrm{T}} \mathbf{G}_2^{\mathrm{T}} \mathbf{G}_2 \mathbf{G}_1 \begin{bmatrix} \mathbf{R}_1^{(k)} \\ \mathbf{z}(k+1+N-1)^{\mathrm{T}} \\ \dots \\ \mathbf{z}(k+s+N-1)^{\mathrm{T}} \end{bmatrix} \qquad (6.23)$$

Since the second Givens rotation set is established on the first s rows of the increased matrix, two interesting consequences are found:

- Its right transpose multiplication will unitary the first s rows and first s columns of augmented matrix $\bar{\mathbf{Q}}^{(k)} = \begin{bmatrix} \mathbf{Q}^{(k)} & \mathbf{0} \\ 0 & 1 \end{bmatrix} \mathbf{G}_1^{\mathrm{T}}$;

- Its left multiplication will nonzero the first s elements of each row of the upper triangular matrix $\mathbf{G}_1 \begin{bmatrix} \mathbf{R}_1^{(k)} \\ \mathbf{z}(k+N)^{\mathrm{T}} \end{bmatrix}$, making each one an upper Hessenberg matrix.

That explains:

$$\begin{bmatrix} \mathbf{Q}^{(k)} & \mathbf{0} \\ \mathbf{0} & \mathbf{I}_s \end{bmatrix} \mathbf{G}_1^{\mathrm{T}} \mathbf{G}_2^{\mathrm{T}} = \begin{bmatrix} \mathbf{I}_s & \mathbf{0} \\ \mathbf{0} & \mathbf{Q}^{*(k+s)} \end{bmatrix} \qquad (6.24)$$

$$G_2 G_1 \begin{bmatrix} \mathbf{R}_1^{(k)} \\ \mathbf{z}(k+1+N-1)^{\mathrm{T}} \\ \cdots \\ \mathbf{z}(k+s+N-1)^{\mathrm{T}} \end{bmatrix} = \begin{bmatrix} \mathbf{z}(k)^{\mathrm{T}} \\ \cdots \\ \mathbf{z}(k+s-1)^{\mathrm{T}} \\ \mathbf{R}_1^{*(k+s)} \end{bmatrix} \tag{6.25}$$

It can be seen that two Givens rotations sets are built only on the first dp columns of the data matrix. The derived matrix $\mathbf{Q}^{*(k+s)}$ therefore coincides to the exact matrix $\mathbf{Q}^{(k+s)}$ on the first dp columns and the orthonormal condition $\mathbf{Q}^{*(k+s)\mathrm{T}}\mathbf{Q}^{*(k+s)} = \mathbf{I}$ is assured. Matrix $\mathbf{R}_1^{*(k+s)}$ which is only nonzero on the first dp rows, is the actual desired matrix $\mathbf{R}_1^{(k+s)}$ hence $\mathbf{R}_1^{*(k+s)} = \mathbf{R}_1^{(k+s)}$. Then the factorized matrices $\mathbf{R}_{11}^{(k+s)}$ at the sample index $(k+s)$ are therefore exactly updated at this stage:

$$\mathbf{R}_{11}^{(k+s)} = [\mathbf{I} \quad \mathbf{0}]\mathbf{R}_1^{*(k+s)} \tag{6.26}$$

With the derived matrix $\mathbf{Q}^{*(k+s)}$, the last d columns of equations (6.14) can be rewritten as:

$$\begin{bmatrix} \mathbf{Q}^{(k)} & \mathbf{0} \\ \mathbf{0} & \mathbf{I}_s \end{bmatrix} \begin{bmatrix} \mathbf{R}_2^{(k)} \\ \mathbf{y}(k+1+N-1)^{\mathrm{T}} \\ \cdots \\ \mathbf{y}(k+s+N-1)^{\mathrm{T}} \end{bmatrix} = \begin{bmatrix} \mathbf{I}_s & \mathbf{0} \\ \mathbf{0} & \mathbf{Q}^{*(k+s)} \end{bmatrix} \begin{bmatrix} \mathbf{y}(k)^{\mathrm{T}} \\ \cdots \\ \mathbf{y}(k+s-1)^{\mathrm{T}} \\ \mathbf{R}_2^{*(k+s)} \end{bmatrix} \tag{6.27}$$

and the matrix $\mathbf{R}_2^{*(k+1)}$ is directly extracted from the equality:

$$\begin{bmatrix} \mathbf{y}(k)^{\mathrm{T}} \\ \cdots \\ \mathbf{y}(k+s-1)^{\mathrm{T}} \\ \mathbf{R}_2^{*(k+s)} \end{bmatrix} = \begin{bmatrix} \mathbf{I}_s & \mathbf{0} \\ \mathbf{0} & \mathbf{Q}^{*(k+s)\mathrm{T}} \end{bmatrix} \begin{bmatrix} \mathbf{Q}^{(k)} & \mathbf{0} \\ \mathbf{0} & \mathbf{I}_s \end{bmatrix} \begin{bmatrix} \mathbf{R}_2^{(k)} \\ \mathbf{y}(k+1+N-1)^{\mathrm{T}} \\ \cdots \\ \mathbf{y}(k+s+N-1)^{\mathrm{T}} \end{bmatrix} \tag{6.28}$$

As discussed earlier, the first dp of matrix $\mathbf{R}_2^{*(k+s)}$ are also exactly derived, which means the sub-matrix $\mathbf{R}_{12}^{(k+s)}$ was exactly updated.

One can now write:

$$\mathbf{R}_2^{*(k+s)} = \begin{bmatrix} \mathbf{R}_{12}^{(k+s)} \\ \mathbf{R}_{22}^{*(k+s)} \end{bmatrix} \tag{6.29}$$

Since $\mathbf{Q}^{(k+s)}$ and $\mathbf{Q}^{*(k+s)}$ are both orthogonal, we can readily see that the sub-matrix $\mathbf{R}_{22}^{*(k+s)}$ satisfies the equation:

$$\mathbf{R}_{22}^{*(k+s)\mathrm{T}} \mathbf{R}_{22}^{*(k+s)} = \mathbf{R}_{22}^{(k+s)\mathrm{T}} \mathbf{R}_{22}^{(k+s)} \tag{6.30}$$

The error covariance matrix $\hat{\mathbf{E}}$ in (6.8) is therefore updated.

6.4.2 Order updating

The data matrix $\mathbf{K}^{(p)}$ at order p can be rewritten as:

$$\mathbf{K}^{(p)} = \begin{bmatrix} \mathbf{z}(k)^{\mathrm{T}} & \mathbf{y}(k)^{\mathrm{T}} \\ \mathbf{z}(k+1)^{\mathrm{T}} & \mathbf{y}(k+1)^{\mathrm{T}} \\ \cdots & \cdots \\ \mathbf{z}(k+N-1)^{\mathrm{T}} & \mathbf{y}(k+N-1)^{\mathrm{T}} \end{bmatrix} = \begin{bmatrix} \mathbf{K}_1^{(p)} & \mathbf{K}_2 \end{bmatrix} \tag{6.31}$$

If the model order is updated to $p+1$, the data matrix has the form:

$$\mathbf{K}^{(p+1)} = \begin{bmatrix} \mathbf{K}_1^{(p)} & \mathbf{K}^* & \mathbf{K}_2 \end{bmatrix} \tag{6.32}$$

where $\mathbf{K}^*$ of size $N \times d$ comprises the added d columns:

$$\mathbf{K}^* = \begin{bmatrix} \mathbf{y}(k-(p+1))^{\mathrm{T}} \\ \mathbf{y}(k+1-(p+1))^{\mathrm{T}} \\ \cdots \\ \mathbf{y}(k+N-1-(p+1))^{\mathrm{T}} \end{bmatrix} \tag{6.33}$$

One can then compute the following matrix:

$$\mathbf{Q}^{(p)\mathrm{T}} \mathbf{K}^{(p+1)} = \begin{bmatrix} \mathbf{Q}^{(p)\mathrm{T}} \mathbf{K}_1^{(p)} & \mathbf{Q}^{(p)\mathrm{T}} \mathbf{K}^* & \mathbf{Q}^{(p)\mathrm{T}} \mathbf{K}_2 \end{bmatrix} = \begin{bmatrix} \mathbf{R}_{11}^{(p)} & \mathbf{T}_1 & \mathbf{R}_{12}^{(p)} \\ \mathbf{0} & \mathbf{T}_2 & \mathbf{R}_{22}^{(p)} \end{bmatrix} \tag{6.34}$$

where $\mathbf{T}_1$ of size $dp \times d$ and $\mathbf{T}_2$ of size $N-dp \times d$ are extracted from

$$\mathbf{Q}^{(p)\mathrm{T}} \mathbf{K}^* = \begin{bmatrix} \mathbf{T}_1 \\ \mathbf{T}_2 \end{bmatrix}.$$

We must now triangularize the right term matrix in equation (6.34). This can be done with a set of Givens rotations. If we decompose only the small submatrix $\mathbf{T}_2$, it easily yields:

$$\mathbf{T}_2 = \mathbf{Q}_\mathrm{T}\begin{bmatrix}\mathbf{R}_\mathrm{T}\\\mathbf{0}\end{bmatrix} \qquad (6.35)$$

where $\mathbf{R}_\mathrm{T}$ of size $d \times d$ is an upper diagonal matrix and $\mathbf{Q}_\mathrm{T}$ of size $N - dp \times N - dp$ is the product of the Householder transformations or Givens rotations.

Equation (6.34) then becomes:

$$\mathbf{Q}^{(p)\mathrm{T}}\mathbf{K}^{(p+1)} = \begin{bmatrix}\mathbf{I} & \mathbf{0}\\\mathbf{0} & \mathbf{Q}_\mathrm{T}\end{bmatrix}\begin{bmatrix}\mathbf{R}_{11}^{(p)} & \mathbf{T}_1 & \mathbf{R}_{12}^{(p)}\\\mathbf{0} & \mathbf{R}_\mathrm{T} & \mathbf{Q}_\mathrm{T}^\mathrm{T}\mathbf{R}_{22}^{(p)}\\\mathbf{0} & \mathbf{0} & \end{bmatrix} \qquad (6.36)$$

$$\begin{bmatrix}\mathbf{I} & \mathbf{0}\\\mathbf{0} & \mathbf{Q}_T^\mathrm{T}\end{bmatrix}\mathbf{Q}^{(p)\mathrm{T}}\mathbf{K}^{(p+1)} = \begin{bmatrix}\mathbf{R}_{11}^{(p)} & \mathbf{T}_1 & \mathbf{R}_{12}^{(p)}\\\mathbf{0} & \mathbf{R}_T & \mathbf{R}_{22}^*\\\mathbf{0} & \mathbf{0} & \mathbf{R}_{22}^{**}\end{bmatrix} \qquad (6.37)$$

where $\mathbf{R}_{22}^*$ of size $d \times d$ and $\mathbf{R}_{22}^{**}$ of size $N - dp - d \times d$ are obtained from multiplication $\begin{bmatrix}\mathbf{R}_{22}^*\\\mathbf{R}_{22}^{**}\end{bmatrix} = \mathbf{Q}_T^\mathrm{T}\mathbf{R}_{22}$.

It can be seen that the first dp rows of the right hand side in equation (6.37) are not affected by above transformations and the factor matrix $\mathbf{R}^{(p+1)}$ at order $p+1$ is thus updated:

$$\mathbf{R}_{11}^{(p+1)} = \begin{bmatrix}\mathbf{R}_{11}^{(p)} & \mathbf{T}_1\\\mathbf{0} & \mathbf{R}_T\end{bmatrix} \; ; \; \mathbf{R}_{12}^{(p+1)} = \begin{bmatrix}\mathbf{R}_{12}^{(p)}\\\mathbf{R}_{22}^*\end{bmatrix} \; ; \; \mathbf{R}_{22}^{(p+1)} = \mathbf{R}_{22}^{**} \qquad (6.38)$$

as well as the $\mathbf{Q}$ matrix:

$$\mathbf{Q}^{(p+1)} = \mathbf{Q}^{(p)}\begin{bmatrix}\mathbf{I} & \mathbf{0}\\\mathbf{0} & \mathbf{Q}_\mathrm{T}\end{bmatrix} \qquad (6.39)$$

The covariance matrix of the error is also updated:

$$\hat{\mathbf{E}}^{(p+1)} = \mathbf{R}_{22}^{(p+1)\mathrm{T}}\mathbf{R}_{22}^{(p+1)} = \mathbf{R}_{22}^{(p)}\mathbf{R}_{22}^{(p)} - \mathbf{R}_{22}^{*\mathrm{T}}\mathbf{R}_{22}^{*} = \hat{\mathbf{E}}^{(p)} - \mathbf{R}_{22}^{*\mathrm{T}}\mathbf{R}_{22}^{*} \tag{6.40}$$

6.4.3 Reverse order updating

Consider that, at sample index t, the data matrix $\mathbf{K}^{(p)}$ of model order p can be partitioned to the data matrix $\mathbf{K}^{(p-1)}$ by removing its last d columns $\mathbf{K}^{*}$ of the regressor term:

$$\mathbf{K}^{(p)} = \begin{bmatrix} \mathbf{z}(k)\}^{\mathrm{T}} & \mathbf{y}(k)^{\mathrm{T}} \\ \mathbf{z}(k+1)\}^{\mathrm{T}} & \mathbf{y}(k+1)^{\mathrm{T}} \\ \dots & \dots \\ \mathbf{z}(k+N-1)\}^{\mathrm{T}} & \mathbf{y}(k+N-1)^{\mathrm{T}} \end{bmatrix} = \begin{bmatrix} \mathbf{K}_1^{(p)} & \mathbf{K}_2 \end{bmatrix} = \begin{bmatrix} \mathbf{K}_1^{(p-1)} & \mathbf{K}^{*} & \mathbf{K}_2 \end{bmatrix} \tag{6.41}$$

$$\mathbf{K}^{(p-1)} = \begin{bmatrix} \mathbf{K}_1^{(p-1)} & \mathbf{K}_2 \end{bmatrix} \tag{6.42}$$

Since the sample number N is always larger than the data dimension d, the data matrix $\mathbf{K}^{(p)}$ can have the form:

$$\mathbf{K}^{(p)} = \mathbf{Q}^{(p)} \begin{bmatrix} \mathbf{R}_{11}^{(p)} & \mathbf{R}_{12}^{(p)} \\ \mathbf{0} & \mathbf{R}_{22}^{(p)} \end{bmatrix} = \mathbf{Q}^{(p)} \begin{bmatrix} \begin{bmatrix} \mathbf{R}_{11}^{'}] & \mathbf{R}_{11}^{''} \\ \mathbf{0} & \mathbf{R}_{11}^{''} \end{bmatrix}_{\mathbf{R}_{11}^{(p)}} & \begin{bmatrix} \mathbf{R}_{12}^{'} \\ \mathbf{R}_{12}^{''} \end{bmatrix}_{\mathbf{R}_{12}^{(p)}} \\ \mathbf{0} & \mathbf{0} & \mathbf{R}_{22}^{(p)} \end{bmatrix} \tag{6.43}$$

Then we can readily see that:

$$\mathbf{K}^{(p-1)} = \mathbf{Q}^{(p)} \begin{bmatrix} \mathbf{R}_{11}^{'} & \mathbf{R}_{12}^{'} \\ \mathbf{0} & \mathbf{R}_{12}^{''} \\ \mathbf{0} & \mathbf{R}_{22}^{(p)} \end{bmatrix} = \mathbf{Q}^{(p)} \begin{bmatrix} \mathbf{R}_{11}^{'} & \mathbf{R}_{12}^{'} \\ \mathbf{0} & \begin{bmatrix} \mathbf{R}_{12}^{''} \\ \mathbf{R}_{22}^{(p)} \end{bmatrix}_{\mathbf{R}_{22}^{\#}} \end{bmatrix} = \mathbf{Q}^{(p)} \begin{bmatrix} \mathbf{R}_{11}^{'} & \mathbf{R}_{12}^{'} \\ \mathbf{0} & \mathbf{R}_{22}^{\#} \end{bmatrix} = \mathbf{Q}^{(p)}\mathbf{R}^{\#(} \quad \text{Displa}$$

and through the exact QR decomposition:

$$\mathbf{Q}^{(p)}\mathbf{R}^{\#(p-1)} = \mathbf{Q}^{(p-1)}\mathbf{R}^{(p-1)} \tag{6.45}$$

It can be seen that matrix $\mathbf{R}^{\#(p-1)}$ can be found by removing the last d columns from the first sub-columns of matrix $[R^{(p)}]$ and according to (6.42), it is not an upper triangular matrix. As a result of this, the formulation (6.44) is therefore not a true QR factorization of the data matrix $\mathbf{K}^{(p-1)}$.

Fortunately, since the first $d(p-1)$ columns of the two matrices $\mathbf{K}^{(p)}$ and $\mathbf{K}^{(p-1)}$ are similar, their $\mathbf{R}$ factors are thus identical in the first $d(p-1)$ rows and $d(p-1)$ columns. That means that the sub-matrices $\mathbf{R}'_{11}$ and $\mathbf{R}'_{12}$ in matrix $\mathbf{R}^{\#(p-1)}$ are exactly as found in the matrix $\mathbf{R}^{(p-1)}$ to conduct to the updated model parameters at order $p-1$:

$$\mathbf{A}^{(p-1)} = (\mathbf{R}'^{-1}_{11}\mathbf{R}'_{12})^{T} \tag{6.46}$$

The only component that is different between $\mathbf{R}^{\#(p-1)}$ and $\mathbf{R}^{(p-1)}$ lies on the matrix $\mathbf{R}^{\#}_{22}$ which is not an upper triangular. Note that the energy of matrix $\mathbf{K}^{(p-1)}$ is unchanged, one can have:

$$\left[\mathbf{Q}^{(p)}\mathbf{R}^{\#(p-1)}\right]^{T}\left[\mathbf{Q}^{(p)}\mathbf{R}^{\#(p-1)}\right] = \left[\mathbf{Q}^{(p-1)}\mathbf{R}^{(p-1)}\right]^{T}\left[\mathbf{Q}^{(p-1)}\mathbf{R}^{(p-1)}\right] \tag{6.47}$$

Since $\mathbf{Q}^{(p)\mathrm{T}}\mathbf{Q}^{(p)} = \mathbf{Q}^{(p-1)\mathrm{T}}\mathbf{Q}^{(p-1)} = \mathbf{I}$, it can be found that:

$$\mathbf{R}^{\#(p-1)\mathrm{T}}\mathbf{R}^{\#(p-1)} = \mathbf{R}^{(p-1)\mathrm{T}}\mathbf{R}^{(p-1)} \tag{6.48}$$

and finally the covariance matrix of error part can be exactly updated:

$$\hat{\mathbf{E}}^{(p-1)} = \mathbf{R}^{(p-1)\mathrm{T}}_{22}\mathbf{R}^{(p-1)}_{22} = \mathbf{R}^{\#\,\mathrm{T}}_{22}\mathbf{R}^{\#}_{22} = \left[\mathbf{R}'^{\,\mathrm{T}}_{12} \quad \mathbf{R}^{(p)\mathrm{T}}_{22}\right]\begin{bmatrix}\mathbf{R}'_{12}\\\mathbf{R}^{(p)}_{22}\end{bmatrix} = \mathbf{R}'^{\,\mathrm{T}}_{12}\mathbf{R}'_{12} + \hat{\mathbf{E}}^{(p)} \tag{6.49}$$

The QR factorization is accurately updated from model order p to model order $p-1$.

6.5   Numerical simulations

6.5.1   Computing routine

In operational modal analysis with time varying physical parameters (non stationary systems), it is necessary to identify the variations of modal parameters at each step of computation in a time-frequency scheme. In this paper, since the model is updated with both increased and decreased order, a routine is constructed by combining the three algorithms above to exploit the efficiency of each algorithm in order to progressively searching for an efficient model order and monitoring the change on the modal parameters (Figure 6.1).

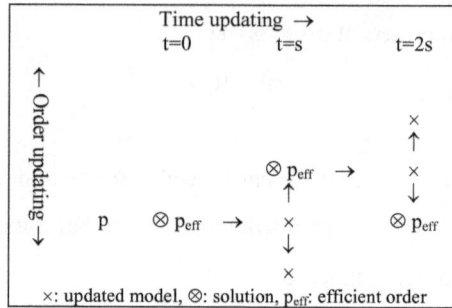

Figure 6.1 Monitoring routine.

A short sliding window is used on the signal. The routine starts immediately at the beginning of data acquisition with a model at arbitrary order p. This model is updated to the next sample index and then, the order is updated to $p-1$ and $p+1$. An efficient order is chosen within these three order values and the process is continued. It is noted, from above algorithms, that when we combine updating in order and in time, the QR factorization is not the true one but the accurate solution is nevertheless always found.

6.5.2   Effect of varying physical parameters and effect of noise

We consider a theoretical system with two degrees of freedom (2 DOF) as shown in Figure 6.2. Both lumped masses are assumed varying and two cases are investigated: a simultaneously change following a step function as shown in Figure 6.3-a, and a gradual change following a ramp function as described in Figure 6.3-b. Responses data are plotted in

Figure 6.4-a and Figure 6.4-b respectively. A sampling frequency of 200 Hz was applied. Theoretical modal parameters before and after the change are given in Table 6.1.

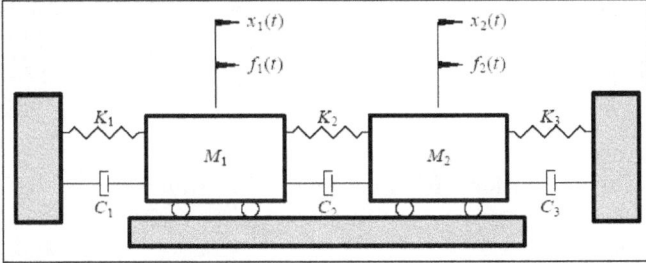

Figure 6.2 System of 2 degrees of freedom.

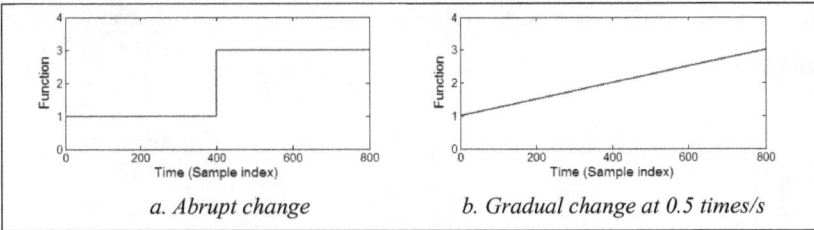

a. Abrupt change   b. Gradual change at 0.5 times/s

Figure 6.3 Masses changing function.

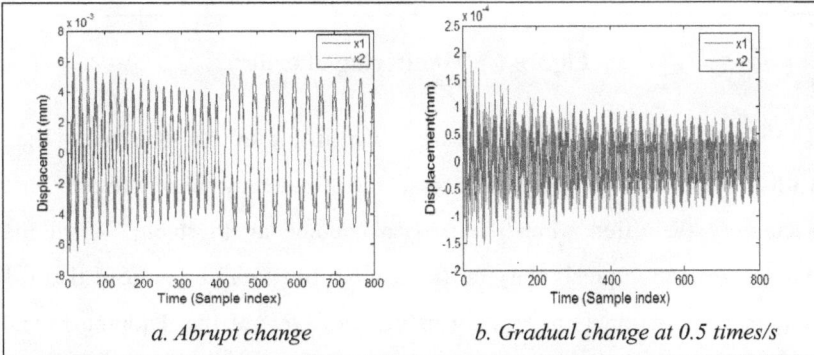

a. Abrupt change   b. Gradual change at 0.5 times/s

Figure 6.4 Responses of 2 DOF system.

Table 6.1 Modal parameters of 2 DOF system

Mode	Before change		After change	
	Frequency (Hz)	Damping rate (%)	Frequency (Hz)	Damping rate (%)
1	10.09	0.28	5.83	0.16
2	37.60	0.72	21.74	0.41

6.5.2.1 Mass variation with no noisy perturbation

Figure 6.5 shows the evolution of the order in time. It is seen that the system with constant properties can be monitored with a constant model order except during the transient variation, while if the modal parameters of the system are continuously varying, the order must be continuously adapted.

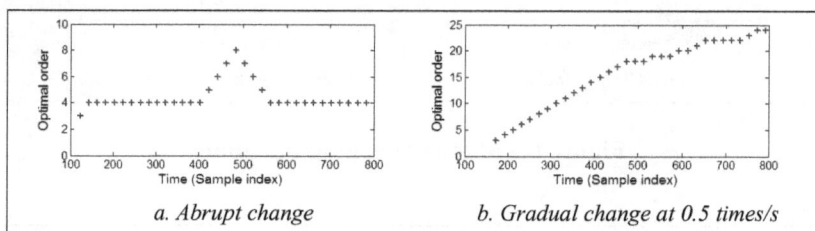

a. Abrupt change   b. Gradual change at 0.5 times/s

Figure 6.5 Monitoring of order.

The identified modal parameters are shown in Figure 6.6. It is found that, with abrupt change (Figure 6.6-a), the frequency and damping are accurately identified when the masses become again stable. When the masses are continuously varying (Figure 6.6-b), it can be noticed that the frequency variation is accurately monitored, but not the damping ratios, which present a very high variance.

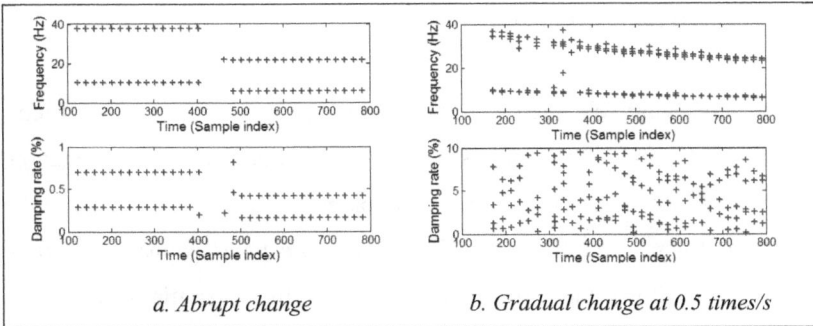

a. Abrupt change   b. Gradual change at 0.5 times/s

Figure 6.6 Monitoring of modal parameters (no added noise).

6.5.2.2 Mass variation with noisy perturbation

Figure 6.7 shows the monitoring of modal parameters when the data are contaminated by 100 % rms (root mean square) random noise. Same observations may be set like the case without noises. The frequency and damping are accurately identified when the masses become again stable (Figure 6.7-a) while only the frequency can be identified when the physical parameters are continuously varying. Consequently, it may be concluded that a random white noise is not a parameter that affects the accuracy of results.

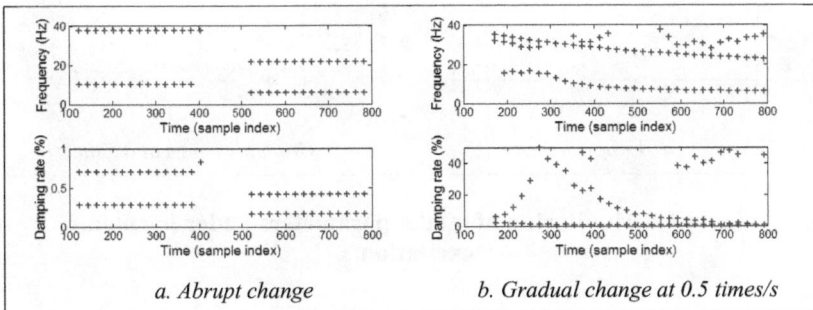

a. Abrupt change   b. Gradual change at 0.5 times/s

Figure 6.7 Monitoring of modal parameters with 100 % random noise.

6.5.3   Harmonic excitation

The machines are subjected to harmonic excitations and it can be difficult to separate the modal parameters from the excitation frequencies (Gagnon, Tahan *et al.* 2006). A sinusoidal excitation at 20 Hz has been added to the previous system in both cases reflecting the two types of mass variation. Figure 6.8-a shows the three frequencies with their variations which are accurately identified in abrupt change case. The identification of the harmonic frequency (20 Hz) is confirmed by a zero-closed damping rate value, even when its frequency becomes closely to a natural frequency (21.7 Hz). On the other hand, Figure 6.8-b once again confirms that the gradual change deals with a very high variance in identification of the damping ratios; it can even disorder the zero-closed damping rate of the harmonic excitation. Fortunately, the accuracy is still insured on the monitoring of natural frequencies.

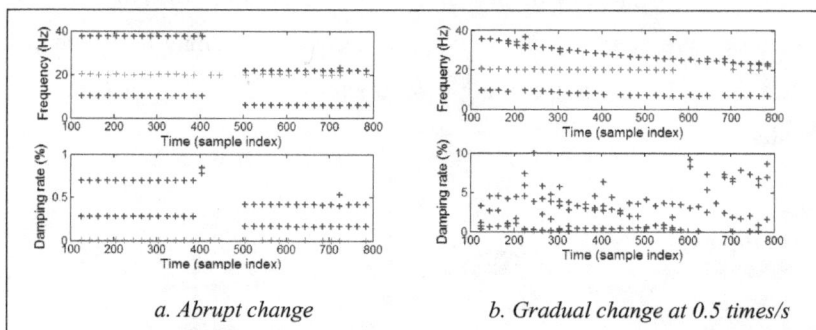

a. Abrupt change   *b. Gradual change at 0.5 times/s*

Figure 6.8 Monitoring of modal parameters under harmonic excitation.

6.5.4   Random excitation

Taking into account now the random excitation, it is evident that the identification and monitoring of modal parameters changes depend on the randomness of the force hence the variance of excitation is considered at different simulations. Figure 6.9 shows the monitoring of modal parameters in the abrupt change case with two different standard derivations (std) of the random excitation at 1 N and 30 N respectively. Various simulations release that both natural frequencies and damping rates can be monitored when the excitation randomness is low. If this latter if high, only frequencies are track-able while the damping ratios are identified with high variances.

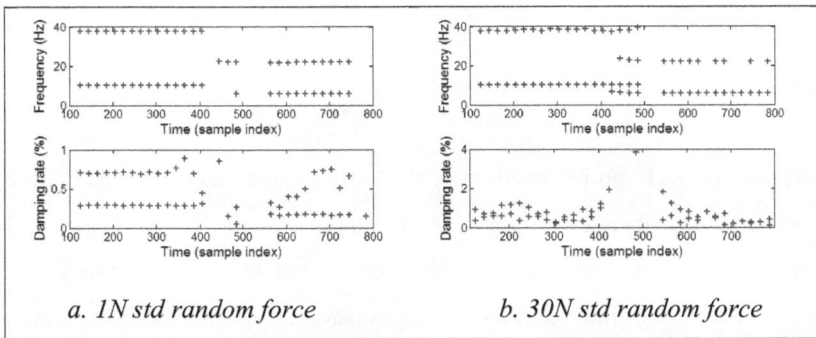

a. 1N std random force   b. 30N std random force

Figure 6.9 Abrupt change modal parameters under random excitation.

The same phenomenon is found in case of gradual change as shown in Figure 6.10. Natural frequencies are accurately identified and monitored while the damping ratios are dealt with high uncertainty, whatever the randomness of the excitation.

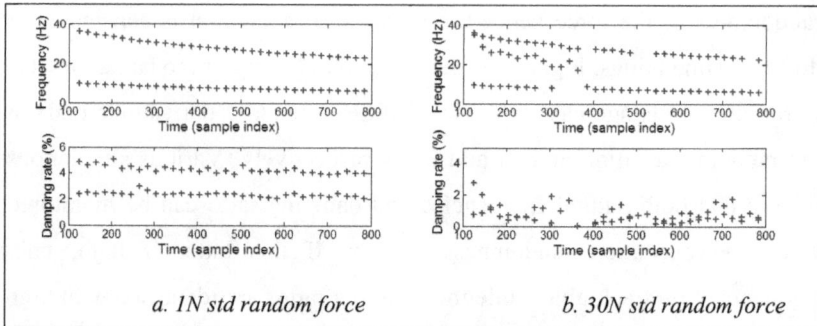

a. 1N std random force   b. 30N std random force

Figure 6.10 Gradual change modal parameters under random excitation.

6.5.5 Experimental application

The routine was applied to monitor the modal parameters of a real bridge superstructure where any numerical analysis is available because of an old age of the bridge. The structure was naturally excited by the passing of a heavy truck and the excitation was considered to be random. Three accelerometers were mounted on the middle span to acquire the ambient temporal responses in transversal, vertical and horizontal directions as plotted in Figure 6.11 at sampling frequency of 200 Hz. As can be seen in Figure 6.12, the efficient model order used for the fitting of data is changing and is monitored between 4 and 7. Modal parameters are monitored in Figure 6.13 where first three frequencies were clearly monitored and are more accurate than the short time Fourier at the same configuration (Figure 6.14). It is seen that when the vehicle moves to the middle span, there is a variation on each frequency within the corresponding frequency ranges of 8 to 6 Hz, 10 to 13 Hz and 25 to 28 Hz respectively. The first mode is the fundamental bending mode and its frequency tends to decrease whereas in the two other frequencies, there is an increasing trend. However the variation of damping rates is cumbersome and according to simulations above, it can be explained by a high randomness of the ambient excitation (Figure 6.13-b).

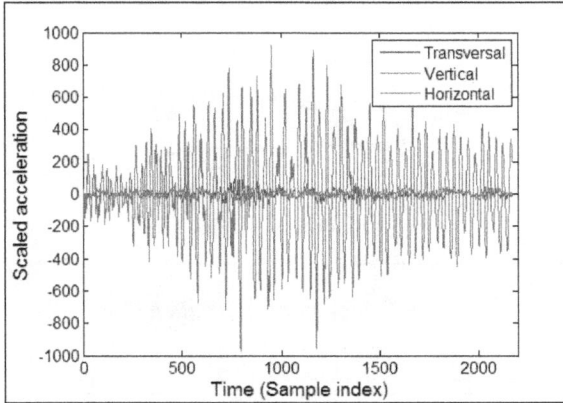

Figure 6.11 Ambient vibration data.

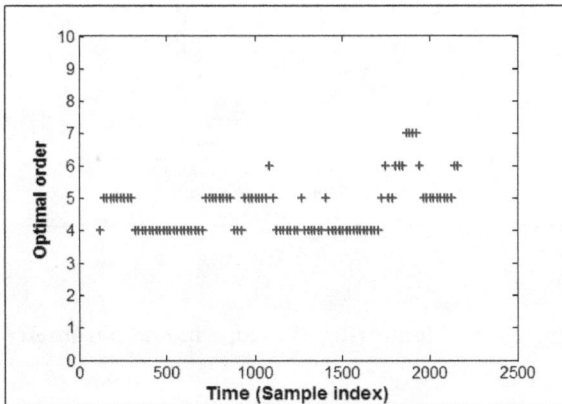

Figure 6.12 Monitoring of model order.

164

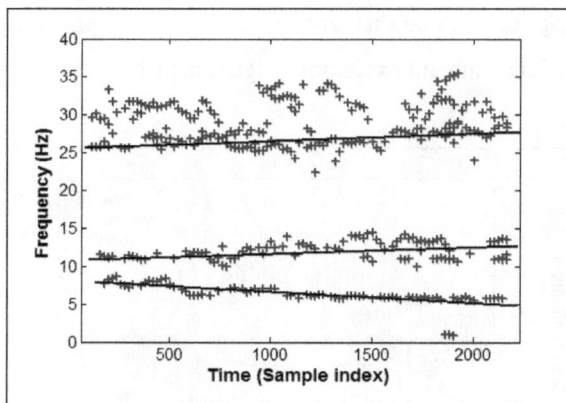

(a) Bridge natural frequencies

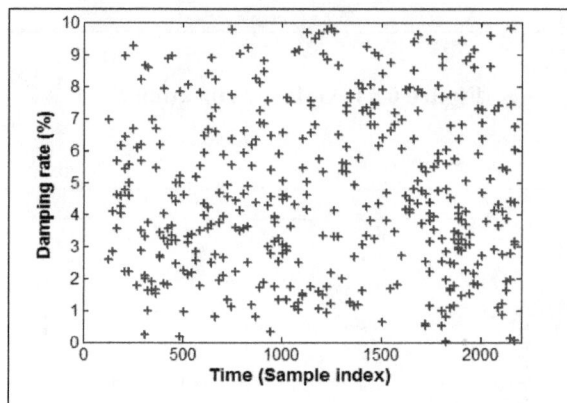

(b) Bridge damping rates

Figure 6.13 Monitoring of bridge modal parameters.

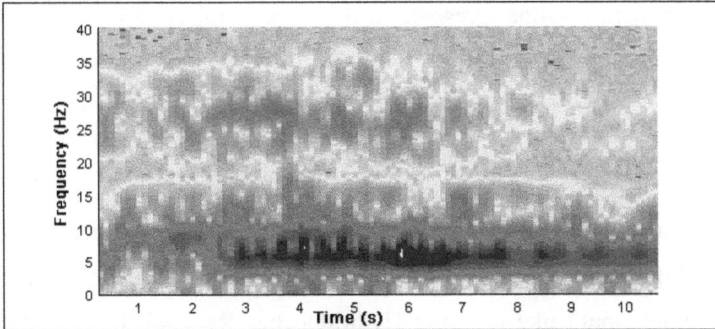

Figure 6.14 Short time Fourier transform on bridge data.

6.6 Conclusions

A method for monitoring modal parameters of systems variations in the
time domain has been presented with the using of the multivariate
autoregressive short time sliding window modeling. The solution of the
least squares method is updated in both the time and model order. With the
innovative updating of the QR factorization, only the submatrices are
investigated and the solution is accurately updated when the order either
increases or decreases and can be combined with time updating to provide
a very fast and effective procedure for monitoring modal parameters. The
results from numerical simulations and experimental real applications on a
bridge have shown that the proposed method outperforms the short time
Fourier transform and can be widely applied to monitor modal parameters
variations even following an abrupt or gradual change regardless the white
noise. Natural frequencies can be accurately identified and their changes
can be well monitored under almost kinds of excitation with various
defaults. The monitoring of damping ratios is efficient with the abrupt
change which represents a catalectic defect in the system or machine.
However, if the default is gradual such as derive or wear in the machine, or
if the random excitation is with high standard derivation, the identification

of the damping ratios presents a high uncertainty and hence their monitoring is cumbersome.

6.7   Acknowledgements

The support of NSERC (Natural Sciences and Engineering Research Council of Canada) through Research Cooperative grants is gratefully acknowledged. The authors would like to thank Hydro-Quebec Research Institute for the collaboration.

6.8   References

[1]. Maia N.M.M and Silva J.M.M, 2001. *Modal analysis identification techniques.* Royal Society. No359-2001. pp 29-40.

[2]. Ewins, D.J., 2000. *Modal testing: theory, practice, and application.* 2nd ed. Mechanical engineering research studies. Engineering dynamics series 10. Baldock, Hertfordshire, England; Philadelphia, PA: Research Studies Press. XIII, 562 pages.

[3]. Wasserman D., Badger D., Doyle T. and Margolies L., 1974, *Industrial Vibration-An Overview*, Journal of the American Society of Safety Engineers, 19, 38-43.

[4]. Hermans L. and Van der Auweraer H., 1999. *Modal testing and analysis of structures under operational conditions: Industrial applications.* Mechanical Systems and Signal Processing 13(2), pp 193-216

[5]. Vu V. H., Thomas M and Lakis A.A., 2006. *Operational modal analysis in time domain*, Proceedings of the 24th Seminar on machinery vibration, CMVA, ISBN 2-921145-61-8, Montréal, pp. 330-343.

[6]. Andersen P., 1997, *Identification of Civil Engineering Structures using Vector ARMA Models*, PhD thesis, Aalborg University.

[7]. Vu V. H., Thomas M., Lakis A.A. and Marcouiller L., 2007. *Identification of modal parameters by experimental operational analysis for the assessment of bridge rehabilitation*. Proceedings of the 2nd International Operational Modal Analysis Conference, Copenhagen, Denmark, Vol 1, pp 133-142.

[8]. Vu V.H, Thomas M., Lakis A.A. and Marcouiller L. 2007. *Effect of added mass on submerged vibrated plates*, Proceedings of the 25th Seminar on machinery vibration, Canadian Machinery Vibration Association CMVA 07, Saint John, NB, pp 40.1-40.15.

[9]. Thomas M., Abassi K., Lakis A. A. and Marcouiller J.L., 2005. *Operational modal analysis of a structure subjected to a turbulent flow*, Proceedings of the 23rd Seminar on machinery vibration, Canadian Machinery Vibration Association, Edmonton, AB, 10 p.

[10]. Smail M., Thomas M. and Lakis A.A., 1999. *Using ARMA methods for crack detection in rotors (in French)*. Proceedings of the 3e Industrial Automation Int. conf. (AIAI), Montréal, pp 21.1-21.4

[11]. Basseville M., 1988, *Detecting changes in signals and systems - A survey*, Automatica, vol.24, no 3, May 1988, pp. 309-326.

[12]. Basseville M., Benveniste A., Gach-Devauchelle B., Goursat M., Bonnecase D., Dorey P., Prevosto M., Olagnon M., 1993, *Damage monitoring in vibration mechanics: issues in diagnostics and predictive maintenance*, Mechanical Systems and Signal Processing, vol.7, no 5, Sept., pp. 401-423.

[13]. Pandit S. M., 1991, *Modal and spectrum analysis: data dependent systems in state space*. New York, N.Y.: J. Wiley and Sons, 415 p.

[14]. Vu V.H, Thomas M., Lakis A.A. and Marcouiller L. 2007. *A time domain method for modal identification of vibratory signal,*

Proceedings of the 1st International Conference on Industrial Risk Engineering CIRI, Montreal, ISBN 978-2-921145-65-7, pp 202- 218.

[15]. Ibrahim, S.R. and Mikulcik E.C., 1977. *Method for the direct identification of vibration parameters from free responses*. Shock and Vibration Bulletin, (47), pp 183-198.

[16]. Brown, D.L., Allemang, R.J., Zimmerman, R.D., Mergeay, M., 1979, *Parameter Estimation Techniques for Modal Analysis*, SAE Paper No. 790221, SAE Transactions, Vol. 88, pp. 828-846.

[17]. Vu V.H, Thomas M., Lakis A.A. and Marcouiller L. October 2007, *Multi-regressive model for structural output only modal analysis*, Proceedings of the 25th Seminar on machinery vibration, Canadian Machinery Vibration Association CMVA 07, Saint John, NB, pp 41.1-41.20.

[18]. Smail M., Thomas M. and Lakis A.A., 1999. *Assessment of optimal ARMA model orders for modal analysis*, Mechanical systems and Signal Processing journal, 13 (5), pp 803-819.

[19]. Hannan E. J., 1980. *The estimation of the order of an ARMA process*. The Annals of Statistics, vol. 8 (5), pp: 1071-1081.

[20]. Gang Liang, Wilkes D. M. & Cadzow J. A., 1993. *ARMA Model Order Estimation Based on the Eigenvalues of Covariance Matrix*. Transactions on Signal Processing, Vol. 41, No 10, pp: 3003-3009

[21]. Smail M, Thomas M. and Lakis A.A., 1999. *ARMA model for modal analysis, effect of model orders and sampling frequency*, Mechanical Systems and Signal Processing, 13 (6), pp.925-944.

[22]. Kashyap R. L., 1980. *Inconsistency of the AIC Rule for estimating the order of autoregressive Models*. IEEE Transactions on Automatic Control, AC-25, 1980, pp: 996-998.

[23]. Rissanen, J. 1978. *Modeling by shortest data description*. Automatica, Vol. 14: 465-471.

[24]. Lutkepohl H., *Introduction to Multiple Time Series Analysis (2nd ed.)*. Springer-Verlag, Berlin, 1993, 545p.

[25]. Sayed A. H. and Kailath T., 1994. *A state-space approach to adaptive RLS filtering*. IEEE Signal Processing Magazine, 11(3):18—60.

[26]. Gagnon M., Tahan, S.-A., Coutu A. et Thomas M. 2006, *Analyse modale opérationnelle en présence d'excitations harmoniques : Étude de cas sur des composantes de turbine hydroélectrique*. Proceedings of the 24nd Seminar on machinery vibration, CMVA, ISBN 2-921145-61-8, Montréal, 320-329.

CHAPITRE 7

SYNTHÈSE

La vibration est déjà un sujet difficile. Le problème devient plus complexe dans le cas d'interaction fluide-structure comme sont sujettes les turbines hydrauliques car il faut tenir compte non seulement la non-linéarité mais aussi les effets d'interaction. Il est évident que parmi les trois propriétés physiques telles que la rigidité, la masse et l'amortissement, les deux derniers sont les plus influencés par le fluide. La présence du fluide et son écoulement produit donc des effets de masse ajoutée et d'amortissement ajouté.

L'effet de masse ajoutée est d'origine inertielle et est donc causé par la présence du fluide dès que la structure y est immergée. Cet effet peut être en principe étudié par des méthodes analytiques. Cependant, la modélisation s'avère difficile dans l'étude de structures complexes (coques, tuyaux en 3D) et la précision de l'identification peut s'en ressentir.

L'effet d'amortissement ajouté est du à la viscosité et au mouvement du fluide. Il est donc très difficile à modéliser, surtout dans la condition d'un écoulement turbulent. On ne trouve pas de logiciels commerciaux capables d'effectuer ce travail. De plus, l'amortissement modal dépend aussi de la fréquence du mode.

Puisque l'analyse numérique a du mal à résoudre le problème, il est conseillé d'avoir recours à des méthodes expérimentales d'analyse modale pour évaluer ces deux effets et valider les modèles numériques. De plus, la structure est excitée naturellement en présence de l'écoulement. La méthode recherchée est donc une méthode d'analyse modale opérationnelle.

En outre de ces deux effets, la vibration sous écoulement présente des aspects non linéaires et non stationnaires. L'effet de masse ajoutée ne dépend pas de la vitesse d'écoulement. L'effet d'amortissement ajouté dépend quant à lui de la vitesse de l'écoulement. Les deux effets peuvent varier dans le temps et requièrent une méthode de suivi. La méthode d'analyse modale développée doit donc être capable d'évoluer pour réaliser une surveillance des paramètres modaux.

Parmi les méthodes avancées d'analyse modale expérimentale, des méthodes de type paramétrique dans le domaine temporel peuvent gérer le problème et satisfaire les demandes. Parmi elles, citons les modèles de séries temporelles et les modèles de sous-espace. Ces modèles sont des alternatives l'un à l'autre puisque celui des sous-espaces est une variante de la série temporelle avec l'introduction de variables d'état. L'étude avec la méthode paramétrique de séries temporelles autorégressives (AR) a donc été développée dans cette thèse à travers quatre articles. Les structures choisies pour les essais ont été des plaques planes et des modèles réduits d'aubes de turbine hydraulique ayant la forme de coques courbées.

Dans le premier article, le modèle AR est introduit en forme d'un modèle vectoriel (à variables multiples). Celui-ci est mis à jour selon l'ordre du modèle par l'introduction d'un nouveau facteur NOF (pour la sélection de l'ordre minimum) et OMAC (pour la sélection des modes). L'incertitude sur les paramètres modaux est introduite pour évaluer la précision de l'identification modale. Le deuxième article peut être considéré comme la version fréquentielle du premier où les modes sont classifiés avec un critère de signal sur bruit modale (DMSN) pour distinguer les modes structuraux ainsi que les harmoniques, des modes numériques. Ces modes structuraux sont utilisés pour la construction de spectres non bruités à l'aide d'un facteur amplificateur. Dans le troisième article, la méthode du premier article est appliquée en introduisant une fenêtre de courte durée pour réaliser un suivi modal. La technique des fenêtres glissantes est appliquée. La longueur de la fenêtre varie selon la première fréquence naturelle afin d'être capable de l'identifier. Le quatrième présente l'algorithme pour la mise à jour du modèle selon l'ordre et aussi le temps. La solution est mise à jour, fenêtre par fenêtre, et ne demande pas des répétitions de calculs. Ces points synthétiques sont expliqués plus détaillés comme suit :

7.1   Modélisation par le modèle autorégressif

Le modèle autorégressif est le noyau de cette recherche pour réaliser une analyse modale opérationnelle, en vu d'extraire des paramètres modaux avec une bonne précision. Dans cette thèse, ce modèle a été utilisé sous forme de variables multiples (ou vecteur autorégressif-VAR) pour manipuler les réponses de plusieurs capteurs. Le modèle est donc écrit sous forme vectoriel dans cette étude. Les paramètres du modèle sont estimés par les moindres carrés. Ces derniers sont implémentés par la décomposition QR de la matrice des données. Cette technique est numériquement très rapide et stable. Les paramètres modaux du système sont ensuite dérivés à partir de la décomposition des valeurs propres de la matrice d'état qui est construite avec les paramètres du modèle. Les fréquences naturelles, taux d'amortissement et modes sont simultanément calculés et classifiés mode par mode, grâce à un nouveau facteur de classement DMSN.

7.2   Mise à jour du modèle

La solution du modèle est mise à jour en fonction de l'ordre et du temps. Pour ce faire, la matrice des données est subdivisée en sous matrices et il est trouvé que seulement une partie de cette matrice a besoin de manipulations mathématiques pour que la solution des moindres carrés, utilisant la décomposition QR, soit mise à jour. Les algorithmes de la mise à jour selon l'ordre et selon le temps sont présentés dans cette thèse. Grâce à ces mises à jour, la recherche d'un ordre optimal devient rapide.

7.3   Détermination d'un ordre optimal

L'ordre optimal est la valeur minimale de l'ordre du modèle pour lequel toutes les fréquences naturelles structurales sont révélées par le modèle VAR, extraites du diagramme de stabilité. Cet ordre est très utile pour éviter d'utiliser un ordre trop faible, ou de le surestimer avec un ordre trop élevé, ce qui alourdirait les calculs. L'ordre minimal est déterminé à partir d'un facteur qui est appelé NOF (*Noise-rate Order Factor*).

7.4   Classification automatique des modes et paramètres modaux

Un inconvénient de la méthode paramétrique à variables multiples est que le nombre des pôles est très élevé par rapport au nombre de modes réels recherchés. La problématique est de distinguer les fréquences recherchées des fréquences de calcul ou parasites. Un facteur de classification est présenté dans cette thèse en basant sur les participations modales dans la partie déterministe et stochastique du signal (DMSN). Les modes sont alors classifiés automatiquement en ordre descendant de DMSN et les modes physiques sont bien identifiés aux premières positions.

7.5   Incertitude des paramètres modaux

Quand on fait une identification, il est indispensable d'établir la confiance dans les prédictions. Le calcul d'incertitude permet de porter un jugement sur la qualité des résultats. L'incertitude des paramètres modaux est dérivée pour chaque paramètre scalaire (fréquence naturelle, taux d'amortissement, mode). L'intervalle de confiance est calculé à chaque ordre du modèle et on peut en évaluer la convergence selon l'ordre. Cette étude permet de choisir un seuil pour déterminer la valeur de l'ordre de calcul.

7.6   Critère sur la stabilité des modes

En utilisant une analyse modale opérationnelle, le critère de corrélation MAC (Modal Assurance Criterion) est difficilement utilisable à moins de disposer d'un modèle numérique. Une nouvelle version de ce critère est développée dans cette recherche et porte le nom OMAC (Order-MAC). Ce facteur est calculé par la corrélation des déformés modales d'un même mode sur deux ordres consécutifs. Puisque l'ordre peut varier, ce critère est considéré pour évaluer la stabilité de mode et vérifier si un mode est bien un mode structural.

7.7   Construction du logiciel d'analyse modale stationnaire
MODALAR

Une logiciel MODALAR a été construit pour réaliser l'analyse modale opérationnelle de structures stationnaires. Le programme permet d'analyser un grand nombre de canaux mesurés simultanément. Avec seulement les réponses vibratoires, le logiciel permet d'identifier un ordre minimal, d'analyser la stabilité des fréquences, des taux d'amortissement et de

OMAC, de sélectionner les modes structuraux et d'établir la confiance dans les résultats d'après les incertitudes de chaque paramètre modal identifié. La Figure 7.1 présente l'organigramme du logiciel MODALAR.

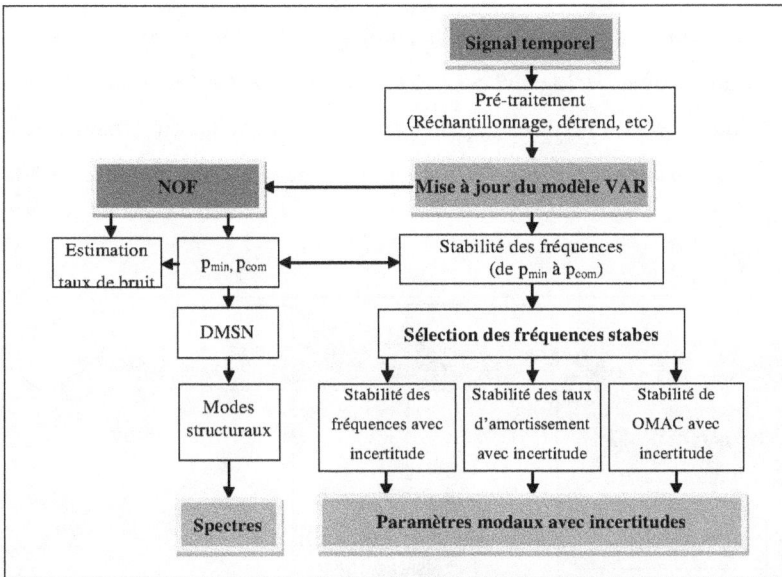

Figure 7.1 Organigramme de MODALAR.

7.8   Identification de masse ajoutée sur des plaques dans l'eau stagnante.

Plusieurs plaques en acier ont été testées dans l'air et dans l'eau stagnante afin de révéler l'effet de masse ajoutée et observer le changement des taux d'amortissement. Les plaques sont mises à différentes profondeurs dans le bac pour évaluer l'effet de l'immersion. Le changement des fréquences selon la profondeur est très évident, ce qui permet calculer l'effet de masse et d'amortissement ajoutés pour chaque mode.

7.9 Construction du logiciel d'analyse modale opérationnelle de systèmes non stationnaires STAR

Le logiciel STAR est construit pour réaliser le suivi modal de vibrations non stationnaires avec des paramètres modaux qui varient dans le temps. Grâce à la mise à jour du modèle autorégressif selon le temps et selon l'ordre du modèle, le logiciel STAR est capable de suivre le changement des fréquences d'un système par toute sorte d'excitation (changement graduel ou instantané). L'organigramme du logiciel STAR est présenté à la Figure 7.2.

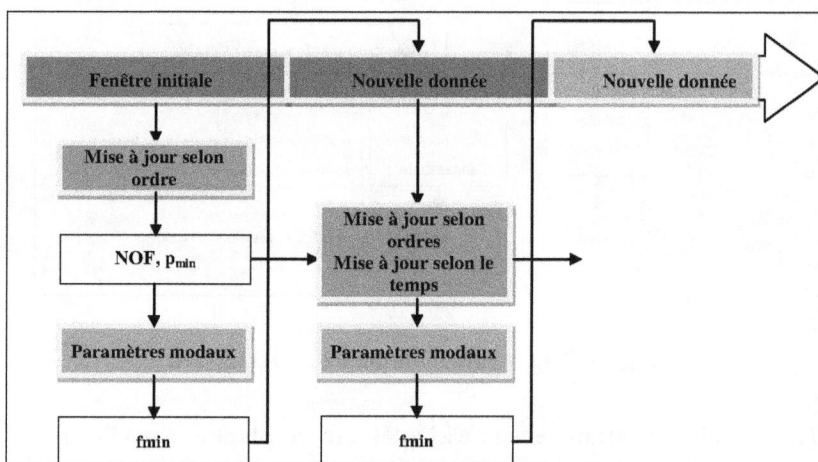

Figure 7.2 Organigramme de STAR.

7.10 Essais dynamiques sur une plaque sortant de l'eau

Une plaque encastrée des deux côtés a été testée en la retirant graduellement de l'eau. La structure subie une excitation aléatoire en la sortant de l'eau et les réponses temporelles sont traitées par la méthode STAR afin de révéler le changement des résonances et donc de masse ajoutée.

7.11 Identification de masse et amortissement ajoutées sur aube de turbine dans des écoulements turbulents

Une aube de turbine hydraulique a été testée dans des conditions de turbulence et à différentes vitesses d'écoulement varient de 3.5 m/s à 10 m/s pour évaluer l'effet de masse et amortissement ajoutés par l'écoulement. Les pressions dynamiques d'eau sont aussi mesurées selon le temps.

CONCLUSION

Cette thèse présente une étude des techniques d'analyse modale opérationnelle de structures, en utilisant un modèle autorégressif. L'algorithme obtenu a pour objectif de permettre l'analyse modale de systèmes ou machines en opération. Les applications ont porté sur des structures immergées soumises à un écoulement, sur des structures à comportement stationnaire ou non stationnaire.

Les conclusions essentielles peuvent être soulignées comme suit :
Le modèle AR permet de réaliser une analyse modale opérationnelle de structures non stationnaires. La mise à jour du modèle selon l'ordre et l'introduction du facteur NOF permet d'éliminer l'inconvénient de la méthode sur la sélection de l'ordre, indépendamment du bruit. La mise à jour du modèle selon le temps permet de réaliser un algorithme du suivi modal adaptatif. Le calcul par décomposition QR permet une bonne stabilité.

Les fréquences identifiées en fonction de l'ordre de calcul sont polluées par des fréquences de bruit et doivent être épurées. Ces fréquences peuvent être séparées par l'introduction d'un facteur de signal sur bruit, modal.   La sélection des modes structuraux permet de construire des spectres non bruités et aussi de clarifier le suivi modal de systèmes non stationnaires.

La précision de l'identification est évaluée suite au calcul de l'incertitude des paramètres modaux. Par l'étude de l'incertitude, on a constaté que les intervalles de confiance sont faibles et stables pour les fréquences naturelles qui ont une bonne précision. Par contre, les taux d'amortissement présentent une variance élevée. Les intervalles de confiance convergent vers une valeur réduite quand l'ordre augmente, alors les taux d'amortissement demandent un ordre de calcul plus élevé. Il est toutefois possible que la précision diminue si on augmentait l'ordre à des valeurs beaucoup trop élevées.

L'algorithme AR développé avec une fenêtre de courte durée glissante permet de faire le suivi du changement des fréquences de systèmes non-stationnaires et donc de la masse ajoutée. Le suivi des fréquences est de bonne précision dans tous les cas de changements, qu'ils soient graduels, instantanés ou causés par une excitation harmonique, aléatoire ou transitoire.

Par l'analyse modale de structures immergées, l'effet de masse ajoutée est mis en évidence avec une bonne précision. Cet effet est concrétisé pour chaque mode par le facteur de masse ajoutée modale. Ce facteur varie de mode à mode et représente la condition immergée de la structure. Il est maximal quand la structure est totalement immergée dans le fluide. Il varie fortement aux faibles profondeurs immergées. On a constaté un facteur de masse ajoutée variant de 2 à 5 fois (200 % à 500 %) de la masse structurale. Quand la structure est totalement immergée, les masses ajoutées ne sont pas influencées par la vitesse d'écoulement.

Les essais d'analyse modale sous écoulement turbulent ont mis en évidence l'effet de l'amortissement ajouté. Cet effet varie clairement en fonction de la vitesse d'écoulement. On a constaté une tendance de l'augmentation linéaire des taux d'amortissement en fonction de la vitesse. Cependant, la limite des vitesses expérimentées ne permet pas une vitesse très élevée pour conclure. Pourtant, à la vitesse de 9 m/s, un facteur d'amortissement ajouté modal a été constaté de 10 à 15 fois sa valeur de référence à vitesse nulle.

Le suivi non stationnaire de l'amortissement relève par contre une variance élevée et n'est pas viable quand la structure subie une excitation aléatoire avec des intervalles de confiance très élevés, à cause des grandes fluctuations des taux d'amortissement selon le temps.

RECOMMANDATIONS

La thèse présente des développements originaux pour réaliser une analyse modale opérationnelle, en utilisant le modèle AR. Cependant, certains thèmes sont encore à améliorer et qui peuvent être considérés comme des directions pour une future recherche, notamment pour identifier l'amortissement d'une structure de forme quelconque soumise à un écoulement turbulent. Ci-dessous sont quelques recommandations et suggestions pour le faire.

Sélection d'un ordre maximal pour les taux d'amortissement

Il a été remarqué dans cette étude que les fréquences naturelles sont bien identifiées, même si celles-ci varient dans le temps. Cependant, les taux d'amortissement possèdent des incertitudes plus élevées et demandent un ordre plus élevé (mais pas trop) pour qu'ils soient plus précis. Donc une valeur maximale de l'ordre est recommandée, en se basant sur un seuil de l'incertitude des taux d'amortissement. Une fois cet ordre atteint, les taux d'amortissement seront identifiés plus précisément et alors le suivi du changement de ces taux devient faisable.

Choix de la longueur des fenêtres

Dans cette étude, le suivi modal est conduit pour la méthode des fenêtres glissantes. La longueur des fenêtres a été choisie à 4 fois la période de la première fréquence naturelle. Cette longueur varie aussi selon la variation de cette fréquence. Bien que cette longueur fonctionne bien pour révéler les changements des fréquences, les résultats sont encore à valider pour identifier la variation des taux d'amortissement.

Amélioration du banc d'essai

Le banc d'essai conçu dans le cadre de cette étude est suffisant pour des essais immergés et sous écoulement. Cependant, il y aura quelques points qui pourront être améliorés.

Le système de fixation marche bien avec tous les essais sur les plaques mais avec la structure de l'aube, une fréquence parasite est apparue à peu près 200 Hz. Il est recommandé de l'étudier numériquement par éléments finis pour améliorer la conception.

Dans cette étude, nous avons voulu faire des essais sur une grande gamme de vitesses d'écoulement afin d'observer le changement des amortissements ajoutés selon la vitesse. Cependant, une vitesse d'essai plus grande que 10 m/s risque de renverser de l'eau hors de bac et donc nous avons limité les vitesses à moins de 10 m/s. Il est donc recommandé d'étudier la conception pour permettre des vitesses d'écoulement plus élevées et ainsi étudier l'effet des hautes vitesses sur l'amortissement.

ANNEXE I

IDENTIFICATION OF MODAL PARAMETERS BY EXPERIMENTAL MODAL ANALYSIS FOR ASSESSMENT OF BRIDGE REHABILITATION

Cet article a été publié dans le compte-rendu de conférence INTERNATIONAL OPERATIONAL MODAL ANALYSIS CONFERENCE (IOMAC), Copenhague, April 2007. La présentation suivante de l'article est conservée comme dans l'original.

ABSTRACT

This paper presents a study on the identification of modal parameters by experimental operational modal analysis for the assessment of bridge rehabilitation. Modal parameters of the bridge before and after rehabilitation are estimated. Normal traffic flow over the bridge provided the excitation source. A single 3D accelerometer, located at mid-span of the bridge was used to obtain natural frequencies and damping ratios of the vibration modes. Identification of modal parameters was conducted using four methods including the Peak Picking method (PP), the Least Square Complex Exponential method (LSCE), the Autoregressive method (AR) and the Autoregressive Moving Average method (ARMA). During the study, the concrete deck of the bridge was replaced by orthotropic steel in order to increase its load capacity. The effect of this rehabilitation can be clearly observed through estimated vibration parameters in the stability diagrams.

INTRODUCTION

Operational modal analysis can be applied to assess structural integrity through estimation and monitoring of structures such as bridges. The *Operational Modal Analysis* (OMA) technique, also called *Ambient Modal* or *Output only Modal Analysis* was first developed during the 1970's. It has been widely applied in electrical, mechanical and civil engineering. The advantages of this technique include; no requirement for input excitation, applicability for large structures, low cost and simplicity. However, two disadvantages of the method are the lack of accurate identification tools and high noise contamination of the data, which needs to be filtered before it can be used effectively.

In this paper the Operational Modal Analysis technique is used to estimate the modal parameters of a bridge before and after rehabilitation. This technique is useful and quick to estimate the dynamic parameters of the bridge and is therefore very useful in evaluating the effect of rehabilitation on the structural strength of the bridge. Since the data was highly contaminated by many conditions on the actual bridge, two methods of modal identification based on the AR and ARMA models were used to filter noise effects. The advantages of these methods can be clearly seen by comparing with classical methods such as the peak picking and the least square complex exponential methods.

BRIDGE AND REHABILITATION WORK

The bridge consists of a 1.0 m central railway combined with a 3.5 m single roadway lane. The 27.12 m one span superstructure is composed of two open-braced Pony trusses 2.25 m high and 4.58 m distance. Diaphragms and longitudinal I-beams are included to support the rails and the concrete deck of the roadway (Fig.1). The bridge is used in a coal-pit where more than 100 heavy trucks and an average of 20 trains pass every day. It was designed in 1970 for a live load of a TU7E locomotive plus a wagon of 3.6 T/m or road tracks of 20 T. Since installation, it has been regularly maintained and inspected. In 2002, extensive damage to the concrete deck was found and the bridge was rated as inadequate to support heavy coal traffic [1]. The bridge needed rehabilitation before it could be returned to service for heavy traffic.

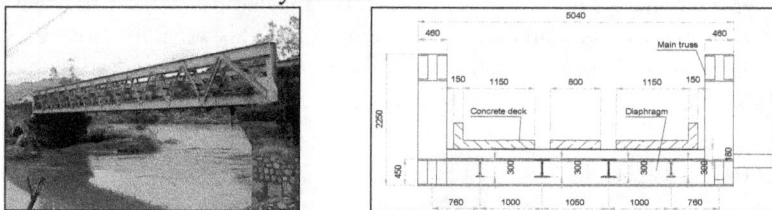

Figure 1a, b. View of the bridge and its cross section.

The solution chosen by the coalmine owner was to replace the concrete deck by a stronger bridge deck. The new deck must better support the dynamic forces of the trucks, reduce the bridge total dead weight and increase the live load capacity of the structure. An approach using orthotropic steel prefabricated plate was chosen from several proposals (Fig.2).

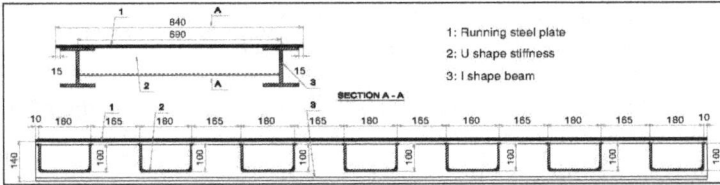

Figure 2. The new orthotropic steel plate.

DYNAMIC MEASUREMENT EQUIPMENT

Traffic on the bridge can be described as high intensity. Operational dynamic measurements were taken before and after rehabilitation work, in 2001 and 2002 respectively, in order to determine the structural modal parameters. Since the main trusses were not modified and the structural mode shapes were not significantly changed, only one accelerometer 3D was placed at the mid-span node of the truss. This instrument provided temporal response data in X-Transversal, Y-Vertical and Z-Longitudinal directions. Acceleration is measured first, and then integrated to obtain the relative displacement. The data are acquired and sampled at 200 Hz using a multi channel platform NEC-VM511 (Fig.3). Several modal identification methods are considered for data processing. They will be described in more detail in the next section.

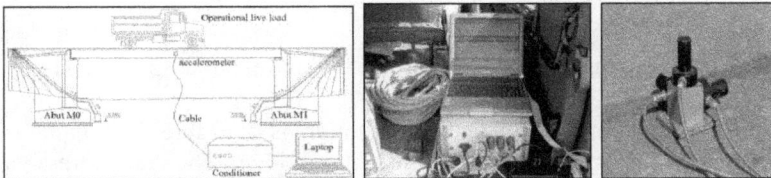

Figure 3. Measurement system and disposition.

IDENTIFICATION METHODS

The peak picking using Fourier transformation is a well-known method for modal analysis and is incorporated in many commercial tools. The natural frequencies are picked directly from the power spectral density plot (PSD) and the damping rate corresponds to the sharpness of each peak through application of the half power method [2]. However, under operational conditions the results obtained from this method strongly depend on user experience and intuition for peak choosing and distinction [3]. An alternative approach, the LSCE method [4] has been developed which involves fitting the impulsive responses in the time domain. In this paper, two advanced methods based on Auto-Regressive (AR) and Auto-Regressive Moving Average (ARMA) models are presented [5]. These take into account the effect of noise from the excitation source on the response data.

Least Square Complex Exponential (LSCE) method

Introduced in late 1979 by Brown, Allemang and Zimmerman [4], this method is a straightforward application of the Complex Exponential (CE) to the SIMO system. It is based on a representation of the Impulsive Response Function (IRF) by a polynomial with the same coefficients for global response. Some other methods that use fitting of the IRF for output only include the PolyReference Complex Exponential (PRCE) method [6], the Ibrahim Time Domain (ITD) method [7] and the Covariance-driven Stochastic Subspace Identification (SSI-COV) method [8].

ARMA method

ARMA is one of a number of appropriate mathematical models for dynamic systems. It was first developed for modal analysis by Gersch [9]. It presents the dynamic behaviour of the structure using a high-order differential equation or a time series format [10, 11]:

$$y(t) + a_1 y(t-1) + a_2 y(t-2) + ... + a_p y(t-p) = w(t) + c_1 w(t-1) + c_2 w(t-2) + ... + c_q w(t-q)$$

$$(1)$$

where $y(t)$ and $w(t)$ are respectively the output and input at time t and p,q are AR and MA order of the model.

In OMA, no information about the excitation is available. The input is modeled as a normal Gaussian white noise [12]. The autoregressive parameters a_i and the moving average parameters c_i are then estimated using several algorithms in order to best fit the model to the response data. Some well-known tools are the least square, the maximum likelihood and instrumental variable estimation. In this work, we use the iterative search algorithm [13], which has been well developed in the Matlab system identification toolbox [14]. This predictive error method uses a Gauss-Newton iterative search algorithm of the quadratic sequence of the error. The iteration will be terminated when one of several criteria is reached and then the parameters are estimated. The modal characteristics are finally identified using only the autoregressive parameters [5].

Autoregressive (AR) method and generalized least square estimate

Since the self-modal parameters are related to the autoregressive portion, the moving average portion of the ARMA model can be ignored and the ARMA model becomes an autoregressive model. The input $w(t)$ at time t now becomes the residual sequence of the model [15]. One can now take a further step to consider the input as generalized noise and also as the output of a same order AR model of a Gaussian noise input $z(t)$ with parameters $b_{i|i=1:p}$.

$$\begin{cases} y(t)+a_1 y(t-1)+a_2 y(t-2)+...+a_p y(t-p)=w(t) \\ w(t)+b_1 w(t-1)+b_2 w(t-2)+...+b_p w(t-p)=z(t) \end{cases} \quad (2)$$

Taking N sample data $t=\begin{bmatrix} k & k+1 & ... & k+N-1 \end{bmatrix}^T$ the residual vector is expressed as:

$$Z_N = Y_N - A_p\theta - B_p\psi \quad (3)$$

where $\quad w_N = \begin{bmatrix} w(k) & w(k+1) & ... & w(k+N-1) \end{bmatrix}^T$;
$Y_N = \begin{bmatrix} y(k) & y(k+1) & ... & y(k+N-1) \end{bmatrix}^T$
$\theta = \begin{bmatrix} a_1 & a_2 & ... & a_p \end{bmatrix}^T$; $\psi = \begin{bmatrix} b_1 & b_2 & ... & b_p \end{bmatrix}^T$ and:

$$A_p = \begin{bmatrix} -y_{k-1} & -y_{k-2} & ... & -y_{k-p} \\ -y_k & -y_{k-1} & ... & -y_{k-p+1} \\ ... & ... & ... & ... \\ -y_{k+N-2} & -y_{k+N-3} & ... & -y_{k+N-p-1} \end{bmatrix}; B_p = \begin{bmatrix} -w_{k-1} & -w_{k-2} & ... & -w_{k-p} \\ -w_k & -w_{k-1} & ... & -w_{k-p+1} \\ ... & ... & ... & ... \\ -w_{k+N-2} & -w_{k+N-3} & ... & -w_{k+N-p-1} \end{bmatrix}$$

The least square estimate is now applied to sequence Z_N and to generate the final estimated autoregressive parameters vector [16]:

$$\hat{\theta}_p = (A_p^T A_p)^{-1} A_p^T Y_N - (A_p^T A_p)^{-1} A_p^T B_p \hat{\psi}_p \quad (4)$$

Since $\hat{\theta}_p$ is a self-dependent sequence, an iterative scheme is used with the first value taken from an ordinary least square. In our case, the iterations were terminated when the standard deviation of two consecutives steps converged at 5 %.

DATA PROCESSING AND RESULT

Certain particularities of the study case must be taken into consideration before processing of the data. Firstly, the response data is measured under actual operational conditions. There are ambient vibrations due to many input factors, normal traffic, wind load, water interaction and noises. So, a very large noise contamination will be present in the measured responses. Furthermore, we cannot control the traffic weight and speed, and the bridge deck is not completely smooth and flat. This means that we must account for cases of missing data and the influence of shock frequencies [17].

Before processing the measured results, a finite element analysis of the bridge structure was conducted in SAP2000 [18] to predict the effect of the rehabilitation work (Fig. 4).

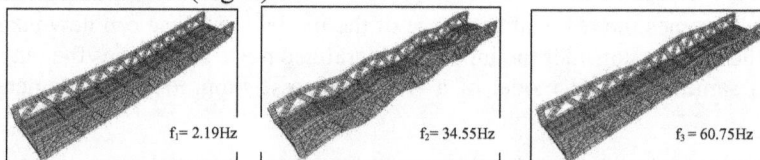

f₁= 2.19Hz   f₂= 34.55Hz   f₃= 60.75Hz

Figure 4. Finite element analysis of vibration modes.

Data and result

The bridge is used for both railway and roadway. So data must be taken for both train and truck passages.

Time responses
There are three simultaneous responses data for each passage. Using Vietnamese code, the transverse vibration is the most important for this kind of bridge, so only this component will be processed. Data processing of two other directions is included for reference only. The time responses measured for train and truck passages before and after bridge rehabilitation are shown in Fig.5a and 5b.

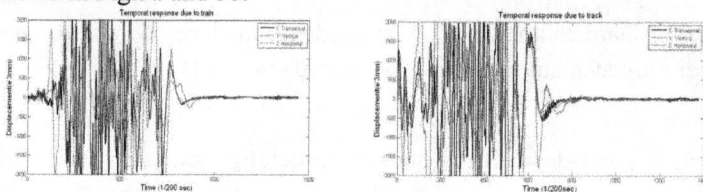

a) Before the rehabilitation work

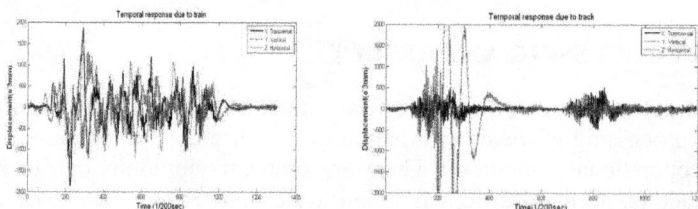

b) After the rehabilitation work

Figure 5a, 5b. Time responses due to train and truck passages.

Four different methods were considered. For this reason, after examining the response data, we decided to use only the impulsive data for processing, which corresponds to the self vibration data of the bridge. This approach allows us to avoid estimation of the live load, a very complex subject in bridge engineering.

PSD plots
The sampling frequency was selected at 200 Hz with a frequency range up to 100 Hz. From the PSD plot (Fig.6a, 6b), peak picking only provides the first two natural frequencies. The third peak is relatively small and must be identified by other methods.

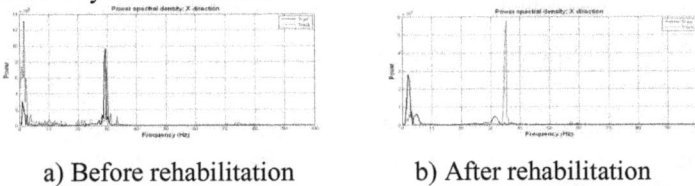

a) Before rehabilitation   b) After rehabilitation

Figure 6a, 6b: PSD plots due to train and truck passages.

LSCE method
The frequency stability diagrams obtained from the LSCE method before and after the rehabilitation work are shown in Fig.7a and 7b respectively. They show the variation of the computed frequencies with the order of the polynomial form considered in the model.

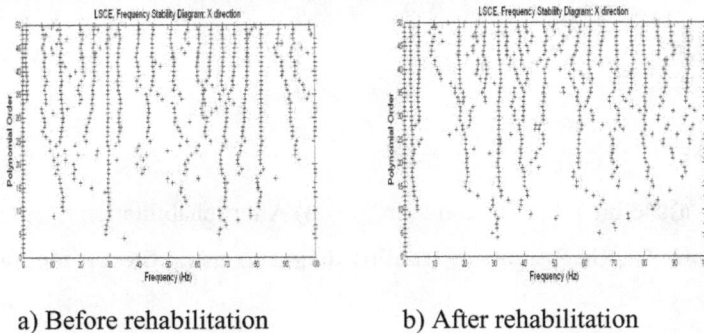

a) Before rehabilitation   b) After rehabilitation

Figure 7a, 7b. Frequency stability diagrams by LSCE method.

The LSCE method produces a lot of information however the results are not stable. Nevertheless, we can distinguish 3 natural frequencies (2 Hz, 30 Hz and 80 Hz). These values are close to those expected and are more stable than the others.

ARMA method

The frequency stability diagrams obtained from the ARMA method before and after the rehabilitation work are shown in Fig.8a and 8b respectively.

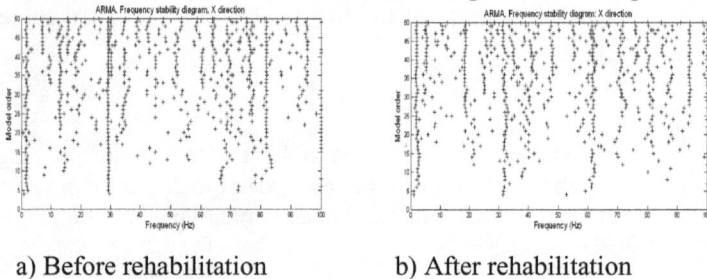

a) Before rehabilitation   b) After rehabilitation

Figure 8a, 8b. Frequency stability diagrams using the ARMA method.

The ARMA method reveals clearly the first 2 natural frequencies (2 Hz, 30 Hz) as the more stable ones. The third mode appears close to 80 and 60 Hz but is less clearly seen.

AR method

The frequency stability diagrams obtained from the AR method before and after rehabilitation work are shown in Fig.9a and 9b respectively.

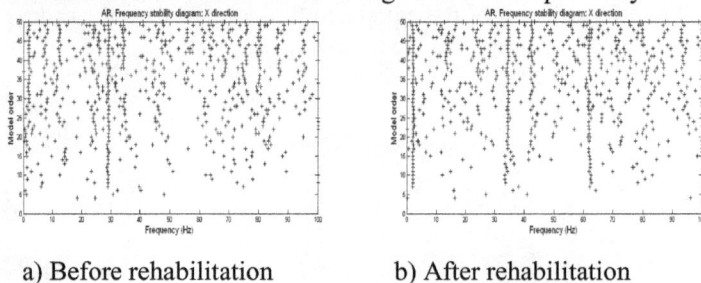

a) Before rehabilitation   b) After rehabilitation

Figure 9a, 9b. Frequency stability diagrams using the AR method.

The AR method reveals clearly the 3 first natural frequencies (close to 2 Hz, 30 Hz and 60 Hz), especially after the rehabilitation work (Fig.9b). The third mode doesn't appear in the measurements taken before the rehabilitation work.

Synthesis if identification

Estimation of natural frequencies

Table 1 summarizes the results obtained from the four investigated methods and compares them with the finite element results. One can see that the first two natural frequencies of the structure increase after rehabilitation. In our targeted frequency range the first one increases about 23 % and the second, 7.5 %. These results correlate well with the finite element model [19]. Also, they satisfy specifications of the existing Vietnamese railway bridge inspection code [20] when all the frequencies are greater than 0.6 Hz.

Table 1. Natural frequencies of identified modes

Method	Before rehabilitation (Hz)			After rehabilitation (Hz)		
	Mode 1	*Mode 2*	*Mode 3*	*Mode 1*	*Mode 2*	*Mode 3*
PP	1.103	29.418	--	1.980	31.188	--
LCSE	1.422	29.375	81.845	2.041	31.552	--
ARMA	1.690	29.282	81.865	2.128	31.474	61.322
AR	1.739	28.978	--	2.149	34.663	61.872
FEA	--	--	--	2.186	34.554	60.755

Estimation of damping

The damping rates are more difficult to identify than the natural frequencies. Figure 10 shows the damping rate for the second mode after rehabilitation (close to 34 Hz) by applying the LSCE, ARMA and AR methods respectively.

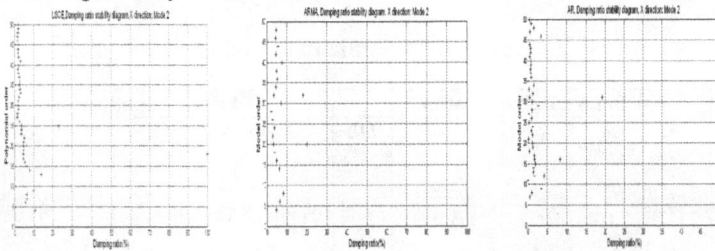

Figure 10. Damping rate stability diagrams using LSCE, ARMA and AR methods.

The damping rate diagrams for each method are not very stable but they still provide an approximate estimate of the percentage of the damping rate. The results are summarized in Table 2, for the three modes and for each method. Note that the first mode is very highly damped compared to the two other modes.

Table 2. Damping ratios of identified modes

Method	Before rehabilitation (%)			After rehabilitation (%)		
	Mode 1	*Mode 2*	*Mode 3*	*Mode 1*	*Mode 2*	*Mode 3*
PP	41.18	1.24	---	30.72	3.66	---
LCSE	40-60	0.3-0.5	0.5-2.5	9-30	1.5-3.0	---
ARMA	27-42	0.3-1.2	0.5-7.0	10-30	2.5-4.5	1.0-2.5
AR	20-40	0.5-1.5	---	40-55	0.5-2.5	0.5-1.0

Estimation of dynamic load factor and running surface

Dynamic load factor (DLF) is very important in highway bridge design and evaluation. It represents the interaction between the structure and vehicle and also the running surface status. The formula (5) used in this paper is provided in a work of Batch and Pinjarkar [21]. It is also used in many design codes such as AASHTO [22] and the new Vietnamese code [23].

$$DLF = 1 + DLA = 1 + \left(R_{dyn} - R_{stat} \right) / R_{stat} \qquad (5)$$

where DLF is the dynamic allowance factor and R_{dyn}, R_{stat} are the maximum vertical dynamic and static responses respectively, normally taken as deflection (mm). In our case, the numerator $R_{dyn} - R_{stat}$ is taken from the Y-direction response diagram (Table 3). The denominator R_{stat} is the calculated maximum static deflection due to the assigned live load in finite element method analysis [1].

Table 3. Dynamic load factor

Load	Before Rehabilitation				After Rehabilitation			
	Assigned live load	R_{stat} *(mm)*	$R_{dyn} - R_{stat}$ *(mm)*	*DLF*	*Assigned live load*	R_{stat} *(mm)*	$R_{dyn} - R_{stat}$ *(mm)*	*DLF*
Train	TU7E+3.6T/m	26.11	3.0	1.11	TU7E+4.16T/m	19.64	1.30	1.07
Truck	H30 Ton	13.49	5.0	1.37	H30 Ton	10.70	3.0	1.28

It can be observed that the DLF decreases after rehabilitation. This result expresses the fact that the running surface becomes better, more continuous and therefore experiences less shock loads.

CONCLUSIONS

Operational modal analysis can be conducted in time domain for signal processing by using only output data in order to identify structural modal parameters for structures evaluation. When making measurements under actual operational conditions, vibration signals are perturbed by a large amount of noise which affects the precision of results. The results can be considered acceptable and realistic, especially the AR and ARMA methods which seem very suitable for estimating the natural frequencies. However, the estimation of damping is more difficult and these methods give only an approximation. Further studies must be carried out to identify the modal parameters and mode shapes in the presence of high noise levels and high damping rates, especially for non linear structures.

REFERENCES

1. Department of bridge and tunnel engineering, LanThap bridge inspections report, University of communication and transport, Hanoi 2001 (10 pages).
2. Ewins, D.J., Modal testing: theory, practice, and application. 2nd ed. Mechanical engineering research studies. Engineering dynamics series 10. 2000, Baldock, Hertfordshire, England; Philadelphia, PA: Research Studies Press. XIII, 562 pages.
3. McLamore, V.R., Hart, G., and Stubbs, I.R., Ambient vibration of two suspension bridges. Journal of the structural division, ASCE, Vol 97, N ST10, pp 2567-2582, 1971.
4. Brown, D.L., Allemang, R.J., Zimmerman, R.D., Mergeay, M. Parameter Estimation Techniques for Modal Analysis, SAE Paper No. 790221, SAE Transactions, Vol. 88, pp. 828-846, 1979.
5. Smail M, Thomas M. and Lakis A.A., December 1999, ARMA model for modal analysis, effect of model orders and sampling frequency, MSSP, 13, No. 6, 925-944.
6. Vold, H., Kundrat, J., Rocklin, G.T.and Russel, R., A multi-input modal estimation algorithm for mini-computer, SAE technical paper series, No 820194, 1982.
7. Ibrahim, S.R. and E.C. Mikulcik, Method for the direct identification of vibration parameters from the free responses. Shock and Vibration Bulletin, 1977(47): p. 197.
8. Peeters, B. System identification and damage detection in civil engineering, PhD thesis, K.U. Leuven, Belgium, 2000.
9. Gersch W., Estimation of the autoregressive parameters of a mixed autoregressive moving-average time series, IEEE Trans. automat. contr. (Short Papers), VOI. AC- 15, pp. 583-588, Oct. 1970.

10. Nuno M.M Maia, Julio M.M Silva. Theoretical and Experimental Modal Analysis. John Wiley and son Inc. 1997.
11. Smail M., Thomas M. and Lakis A.A., September 1999, Assessment of optimal ARMA model orders for modal analysis, MSSP, vol 13, no 5, p 803-819.
12. Thomas M., Abassi K., Lakis A. A. and Marcouiller L., October 2005, Operational modal analysis of a structure subjected to a turbulent flow, proceeding of the 23rd Seminar on machinery vibration, CMVA, Edmonton, AB, 10p.
13. Ljung, L., System identification: theory for the user. 2nd ed. Prentice-Hall information and system sciences series. 1999, Upper Saddle River, NJ: PTR. XXII, 609.
14. The MathWorks, System identification toolbox, 1994-2006 The MathWorks, Inc.
15. Smail M., Thomas M. and Lakis A.A., Juin 1999, Utilisation de la modélisation ARMA pour la détection de fissures dans les rotors, 3e Industrial Automation Int. conf. (AIAI), Montréal, pp 21.1-21.4
16. Hsia, T., On least squares algorithms for system parameter identification. Automatic Control, IEEE Transactions, 1976. 21(1): p. 104-108.
17. Vu Viet H., Thomas M et Lakis A.A., 2006, Operational modal analysis in time domain, Proceedings of the 24nd Seminar on machinery vibration, Canadian Machinery Vibration Association, ISBN 2-921145-61-8, editor M. Thomas, ETS Montréal, p. 330-343
18. Computers and structures Inc, Reference manual for SAP2000 nonlinear, Berkeley, California, USA, 9-2004.
19. Department of bridge and tunnel engineering, LanThap bridge inspection report, University of communication and transport, Hanoi 2002 (9 pages).
20. Vietnam ministry of transportation, Railway bridge inspection specifications, 22TCN 258-99., Hanoi 1999.
21. Bakht B, Pinjarkar SG. Dynamic testing of highway bridges—a review. Transportation Research Record 1989; 1223: 93–100.
22. American association of state highway and transportation officials (AASHTO). LRFD bridges design specifications. Washington (DC); 1998.
23. Vietnam ministry of transportation, Bridge design specifications in LRFD, 22TCN 272-01. Hanoi 2001.

ANNEXE II

ANALYSE MODALE OPÉRATIONNELLE AVEC MÉTHODES TEMPORELLES

Cet article a été publié dans le compte-rendu de conférence annuelle de l'ASSOCIATION CANADIENNE DE VIBRATION DES MACHINES (ACVM), Montréal, Déc. 2006. La présentation suivante de l'article est conservée comme dans l'original.

RÉSUMÉ

L'analyse modale en opération (AMO) est la technique d'analyse modale basée sur seulement les réponses de la structure. Elle utilise les forces ambiantes ou d'opération comme des sources d'excitation. La technique est appliquée au lieu des méthodes classiques lorsqu'il est difficile d'exercer une force artificielle sur la structure en profitant des conditions d'opération actuelles. Pour la plupart des structures de génie civil et de génie mécanique, il est parfois très difficile d'utiliser une force externe connue à cause des dimensions des structures, leur forme ou leur endroit. Les forces sont alors exercées par des forces ambiantes ou forces d'opération comme par exemple sur les structures offshore, le vent sur les édifices, les surcharges sur les ponts et les vibrations sur les grandes machines. Tandis que les méthodes d'analyse modale générales sont traitées dans le domaine fréquentiel, les techniques d'analyse modale en opération sont presque toutes réalisées avec des conditions réelles et dans le domaine temporel. Cet article a pour but d'identifier les paramètres dynamiques des structures dans des conditions d'opération, en développant des algorithmes temporels. Les méthodes utilisées sont la méthode de puissance spectrale, la méthode de moindre carrée complexe exponentielle (LSCE) et la méthode auto-régressive (ARMA). Le cas étudié est un pont réel pour lequel on a déterminé les fréquences naturelles et les taux d'amortissement, en utilisant seulement la réponse vibratoire.

INTRODUCTION

L'analyse modale a pour but d'extraire les propriétés dynamiques d'une structure à partir de l'expérimentation. La technique a été développée d'abord dans l'industrie aéronautique dans des années 1940 et est devenue très populaire dans beaucoup de domaines technologiques à partir des années 1970. L'analyse modale est très largement appliquée à nos jours. Dans presque toutes les structures réelles, comme les structures de génie civil et de génie mécanique, il peut être très difficile d'exercer une force connue pour engendrer une vibration initiale. De plus, les grandes structures subissent souvent des charges naturelles difficilement mesurables. C'est pourquoi l'analyse modale opérationnelle des structures est basée sur les conditions d'opération naturelle. On dit que c'est l'analyse modale en opération. Les avantages de cette méthode sont son prix d'exécution très bas et le fait quelle ne demande pas un arrêt de production. L'inconvénient de cette technique est qu'on ne connaît pas l'excitation.

LES MÉTHODES D'IDENTIFICATION

Il existe de nombreuses méthodes d'identification modales [1] et [6], soit temporelles [2] ou fréquentielles [3].

Méthode de puissance spectrale

Cette méthode est connue comme la méthode la plus simple pour déterminer les paramètres dynamiques d'une structure. L'idée de cette méthode se base sur le principe de résonance. Quand la fréquence de l'excitation tend vers la fréquence propre de structure, l'énergie devient maximale. Les fréquences naturelles du système sont simplement extraites par l'observation des pics sur le graphique de réponse (le périodogramme-figure 1). Les taux d'amortissement sont calculés à partir du facteur de qualité qui définit l'acuité de la résonance. Les formes modales sont calculées à partir des rapports d'amplitudes des pics aux différents points de la structure.

On suppose ω le vecteur des fréquences dans une bande des fréquences mesurées. Ce vecteur est donné dans le domaine fréquentiel ou peut être reformé à partir de mesures temporelles :

$$\omega = Fs\begin{bmatrix} 0 & 1 & ... & (n-1) \end{bmatrix} = \frac{1}{dt}\frac{1}{n}\begin{bmatrix} 0 & 1 & ... & (n-1) \end{bmatrix} \tag{1}$$

$Fs = \dfrac{1}{dt}\dfrac{1}{n}$:   La fréquence d'échantillonnage. $\tag{2}$

dt :   Le temps d'échantillonnage.

n :   Le nombre d'échantillons.

$Y(\omega)$: le vecteur de réponse dans le domaine fréquentiel. Il est donné directement dans le domaine fréquentiel ou peut être transformé à partir de la réponse temporelle par la Transformation de Fourier (FFT).

$$Y(\omega) = FFT(y(t)). \tag{3}$$

où : $y(t)$ est la réponse temporelle de n points correspondant à n instants mesurés.

En observant le périodogramme on a: P_i est la puissance d'un pic. Alors la fréquence correspondante ω_i est la fréquence propre de la structure. Le rapport d'amortissement correspondant à la fréquence naturelle est calculé par la méthode de demi-puissance (ou des 3dB) [4]. À la valeur mi-puissance $\dfrac{P_i}{2}$, on a 2 valeurs de fréquence ω_i^+ et ω_i^- :

$$\zeta_i = \frac{\omega_i^+ - \omega_i^-}{2\omega_i} \tag{4}$$

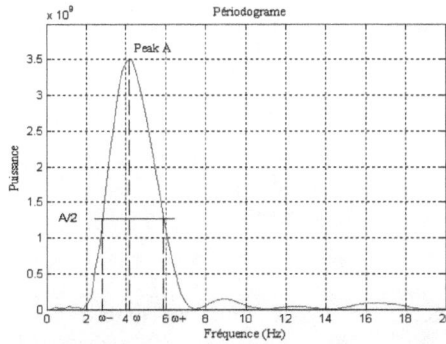

Fig1. Méthode de puissance spectrale.

Méthode des moindres carrés complexes exponentiels (Least Square Complex Exponential - LSCE)

La méthode LSCE a été introduite dans les années 1979 comme le développement de la méthode CE (Complexes exponentielles) [5]. C'est une méthode SIMO qui travaille simultanément avec plusieurs réponses IRFs obtenues en plusieurs points mesurés et engendrées par l'excitation en un seul point.

Considèrons une réponse IRFs d'un système SISO :

$$h_{jk}(t) = \sum_{r=1}^{2N} {}_r A_{jk} e^{s_r t} \tag{5}$$

$$h(t) = \sum_{r=1}^{2N} A_r' e^{s_r t} \tag{6}$$

où $\qquad s_r = -\omega_r \xi_r + i\omega_r'$.

La réponse temporelle $h(t)$ dans un délai L avec les périodes égales $\Delta(t)$:

$$h_0 = h(0) = \sum_{r=1}^{2N} A'_r$$

$$h_1 = h(\Delta t) = \sum_{r=1}^{2N} A'_r e^{s_r(\Delta t)}$$

(7)

$$\cdots\cdots\cdots\cdots\cdots$$

$$h_L = h(L\Delta t) = \sum_{r=1}^{2N} A'_r e^{s_r(L\Delta t)}$$

ou plus simplement :

$$h_0 = \sum_{r=1}^{2N} A'_r$$

$$h_1 = \sum_{r=1}^{2N} A'_r V_r$$

(8)

$$\cdots\cdots\cdots\cdots\cdots$$

$$h_L = \sum_{r=1}^{2N} A'_r V^L_r$$

avec
$$V_r = e^{s_r \Delta t}$$

(9)

Dans ces formules, A'_r et V_r ne sont pas déterminés. En fait, on peut toujours construire un polynôme en V_r d'ordre L avec les coefficients autorégressifs selon la forme ci-dessous :

$$\beta_0 + \beta_1 V_r + \beta_2 V_r^2 + \ldots + \beta_L V_r^L = 0$$ (10)

Pour calculer les coefficients, nous multiplions les équations (8) avec les β_j correspondant et faisons la somme :

$$\sum_{j=0}^{L} \beta_j h_j = \sum_{j=0}^{L} (\beta_j \sum_{r=1}^{2N} A'_r V^j_r) = \sum_{r=1}^{2N} (A'_r \sum_{j=0}^{L} \beta_j V^j_r)$$ (11)

On trouve que (10) et (11) sont les mêmes. Donc il faut que pour chaque V_r :

$$\sum_{j=0}^{L} \beta_j h_j = 0$$ (12)

De (12), en considérant L= 2N, avec les β_{2N} égaux à 1, on peut calculer les coefficients de β_j selon les équations :

$$\begin{bmatrix} h_0 & h_1 & \ldots & h_{2N-1} \\ h_1 & h_2 & \ldots & h_{2N} \\ \ldots & \ldots & \ldots & \ldots \\ h_{2N-1} & h_{2N} & \ldots & h_{4N-2} \end{bmatrix} \begin{Bmatrix} \beta_0 \\ \beta_1 \\ \ldots \\ \beta_{2N-1} \end{Bmatrix} = - \begin{Bmatrix} h_{2N} \\ h_{2N+1} \\ \ldots \\ h_{4N-1} \end{Bmatrix}$$ (13)

ou plus simplement :

$$[h]\{\beta\} = \{h'\}$$ (14)

On développe cette équation pour la procédure globale, avec p réponses IRFs aux p points mesurés. Il faut noter aussi que $\{\beta\}$ sont de quantités globales et sont les mêmes. Donc :

$$\begin{bmatrix} [h_1] \\ [h_2] \\ ... \\ [h_p] \end{bmatrix} \{\beta\} = \begin{Bmatrix} \{h'\}_1 \\ \{h'\}_2 \\ ... \\ \{h'\}_p \end{Bmatrix} \tag{15}$$

ou

$$[h_G]\{\beta\} = \{h'_G\} \tag{16}$$

On applique la solution des moindres carrées par la technique pseudo inverse [6] :

$$\{\beta\} = \left([h_G]^T[h_G]\right)^{-1}[h_G]^T\{h'_G\} \tag{17}$$

Avec les valeurs de β_j, on peut utiliser (10) pour déterminer les valeurs de V_r et (11) pour calculer les fréquences naturelles ainsi que les taux d'amortissement.

La méthode de AutoRegressive Moving Average (ARMA)

L'algorithme de la méthode ARMA a été développé par Gersch [7] pour les systèmes SISO dans des années 1960. Considérons le comportement d'un système linéaire avec une seule entrée $f(t)$ et une seule sortie $y(t)$ décrit par une équation différentielle linéaire avec des coefficients constants.

$$a_n\frac{d^n y(t)}{dt^n} + a_{n-1}\frac{d^{n-1} y(t)}{dt^{n-1}} + ... + a_1\frac{dy(t)}{dt} + a_0 y(t) = b_m\frac{d^m f(t)}{dt^m} + b_{m-1}\frac{d^{m-1} f(t)}{dt^{m-1}} + ... + b_1\frac{df(t)}{dt} + b_0 f(t)$$

$$\tag{18}$$

On peut aussi établir une équation similaire discrète avec un intervalle Δt des échantillons.

$$\alpha_n y(t-n) + \alpha_{n-1}y(t-n+1) + ... + \alpha_1 y(t-1) + \alpha_0 y(t) =$$
$$\beta_m f(t-m) + \beta_{m-1}f(t-m+1) + ... + \beta_1 f(t-1) + \beta_0 f(t) \tag{19}$$

En plus concis :

$$\sum_{k=0}^{n}\alpha_k y(t-k) = \sum_{k=0}^{m}\beta_k f(t-k) \tag{20}$$

où α_k et β_k sont nommés des paramètres *autorégressifs* et *moyenne mobile*. Les α_0 et β_0 sont égaux à 1.

Considérons maintenant un système de N DOF, parce que α_0 est égal à 1. On a l'équation (20) sous la forme :

$$\alpha_0 y(t) + \sum_{k=1}^{2N}\alpha_k y(t-k) = \sum_{k=0}^{2N-1}\beta_k f(t-k) \tag{21}$$

$$y(t) = -\sum_{k=1}^{2N} \alpha_k y(t-k) + \sum_{k=0}^{2N-1} \beta_k f(t-k) \tag{22}$$

où : $-\sum_{k=1}^{2N} \alpha_k y(t-k)$ est la partie *auto-régressive*, $\sum_{k=1}^{2N-1} \beta_k f(t-k)$ est la partie à *moyenne mobile*.

Sous forme de matrices:

$$y(t) = \left\{ -y(t-1) \quad -y(t-2)...-y(t-2N) \quad f(t) f(t-1)... f(t-2N+1) \right\} \begin{Bmatrix} \alpha_1 \\ \alpha_2 \\ ... \\ \alpha_{2N} \\ \beta_1 \\ \beta_2 \\ ... \\ \beta_{2N-1} \end{Bmatrix} \tag{23}$$

Si on prend $2N$ instants t=$2N+1, 2N+2,..., 2N+L$, on aura:

$$\underbrace{\begin{Bmatrix} y(2N+1) \\ y(2N+2) \\ ... \\ y(2N+L) \end{Bmatrix}}_{(Lx1)} = \underbrace{\begin{bmatrix} -y(2N) & ... & -y(1) & f(2N+1) & ... & f(2) \\ -y(2N+1) & ... & -y(2) & f(2N+2) & ... & f(3) \\ ... & ... & ... & ... & ... & ... \\ ... & ... & ... & ... & ... & ... \\ -y(2N+L-1) & ... & -y(L) & f(2N+L) & ... & f(L+1) \end{bmatrix}}_{(Lx4N)} \underbrace{\begin{Bmatrix} \alpha_1 \\ \alpha_2 \\ ... \\ \alpha_{2N} \\ \beta_1 \\ \beta_2 \\ ... \\ \beta_{2N-1} \end{Bmatrix}}_{(4Nx1)} \tag{24}$$

ou simplement :

$$\underbrace{\{y\}}_{(Lx1)} = \underbrace{[X]}_{(Lx4N)} \underbrace{\{\theta\}}_{(4Nx1)} \tag{25}$$

$$\underbrace{\{\theta\}}_{(4Nx1)} = \underbrace{([X]^T [X])^{-1}}_{(4Nx4N)} \underbrace{[X]^T}_{(4NxL)} \underbrace{\{y\}}_{(Lx1)} \tag{26}$$

Dans cette équation, les entrées et les sorties sont considérées connues, et la matrice [X] est connue. On peut trouver les $2N$ valeurs de α_k et β_k. Avec les valeurs de α_k, on peut prendre le polynôme caractéristique du système N DOF:

$$\sum_{k=0}^{2N} \alpha_k u^{2N-k} = 0 \tag{27}$$

$$\prod_{k=0}^{N} (u-u_k)(u-u_k^*) = 0 \tag{28}$$

$$\prod_{k=0}^{N} (u-e^{s_k \Delta t})(u-e^{s_k^* \Delta t}) = 0 \tag{29}$$

où s_k et s^*_k nous donnent les fréquences propres et les taux d'amortissement de mode k.

APPLICATION

Considérons un cas d'un pont de chemin de fer composé de treillis métalliques (figure 2). On a fait un essai dynamique sur la structure. La charge dynamique utilisée était le passage d'un train donc non mesuré. Les réponses vibratoires ont été mesurées dans le domaine temporel sous les conditions d'opération normale du pont. A cause d'un équipement de mesure restreint, on a installé un seul accéléromètre dans la direction verticale à la position de mi-portée de la deuxième travée. C'est suffisant pour déterminer les fréquences de vibration et les taux d'amortissement associés.

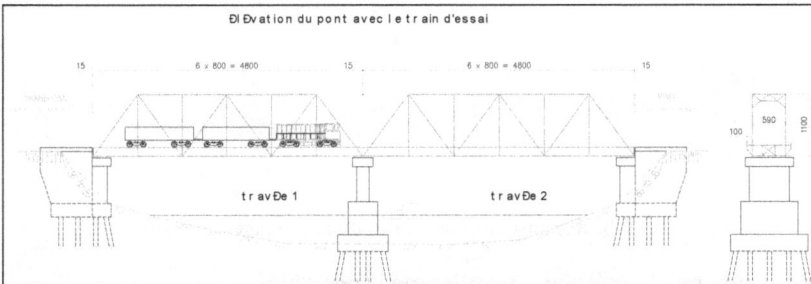

Fig2. Le pont d'essai avec élévation.

Les essais ont été réalisés pour deux passages d'un train avec la vitesse à peu près de 40 Km/h. Les réponses ont été mesurées avec une précision temporelle de 0.005 s (figure 3a,b). Elles sont composées de deux parties, une portion de vibration forcée quand le train se trouve encore sur le pont et une portion de vibration libre transitoire quand le train est déjà sorti du pont. Pour les méthodes d'identification modale dans le domaine temporel, on ne prend que la partie de type impulsive de la réponse (figure 4a,b).

Parties du signal

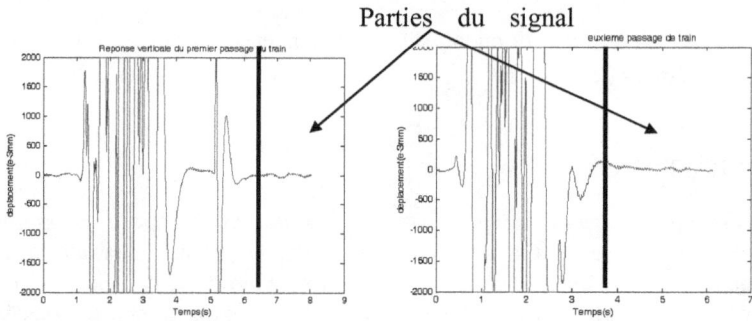

Fig 3a,b. Réponse temporelle des deux passages de train.

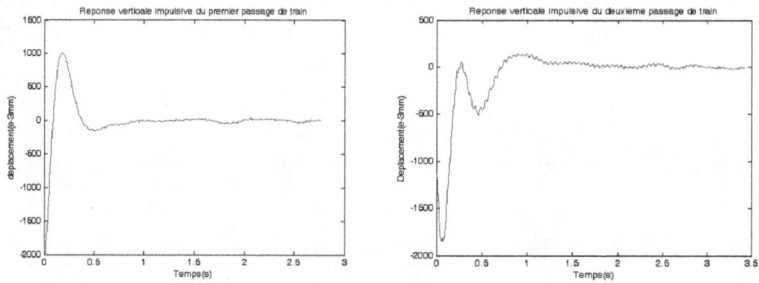

Fig 4a,b. Réponse impulsive des deux passages de train.

Résultats par la méthode de puissance spectrale

La figure 5a, b montre clairement le premier mode à 2 Hz. Les autres modes sont insuffisamment excités. Les résultats fréquentiels sont cohérents pour les 2 essais comme montré dans le tableau 1. Par contre, l'amortissement n'est pas stable et seulement son ordre de grandeur peut être évalué. Il a varié entre 36 et 57 %.

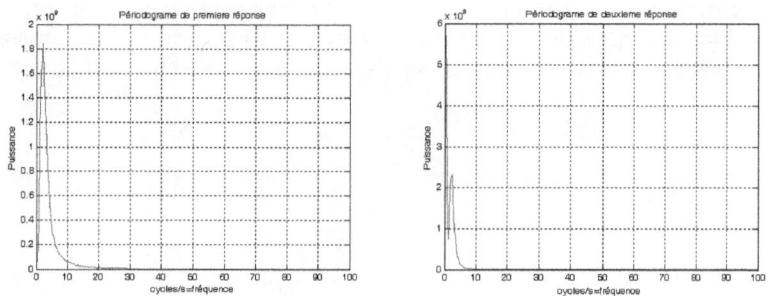

Fig 5a,b. Périodogramme de deux réponses.

Tableau 1. Résultats identifiés par méthode de puissance spectrale

Passages de train	Fréquence propre (Hz)	Taux d'amortissement
	Mode 1	Mode 1
Passage 1	2.2	57
Passage 2	2.3	36

Résultats par la méthode de LSCE

Dans une analyse modale expérimentale, il est courant qu'on ne connaisse pas l'ordre réel du système physique. Aussi doit-on considérer dans les méthodes d'identification temporelles un ordre de calcul qui doit pêtre nettement supérieur à l'ordre réel du système (au moins le double), mais pas trop pour ne pas analyser des modes de bruit. La méthode consiste donc à faire l'analyse pour plusieurs ordres de calcul et à vérifier la stabilité des résultats en fonction de cet ordre [8]. L'ordre de modèle N a été analysé entre 2 et 30. Une fréquence est identifiée lorsque la fréquence en fonction de l'ordre est stable (figure 6 a,b). Deux modes (2 Hz et 19 Hz) ont été détectés clairement car leurs deux fréquences sont stables pour des ordres entre 20 et 30. Les fréquences se répètent pour les deux passages du train.

Les figures 7a,b et 8a,b montrent pour les modes 1 et 2 respectivement, l'étude de stabilité du taux d'amortissement en fonction de l'ordre pour les deux passages du train. L'amortissement diffère de trop pour être jugé valide (figure 7a,b et 8a,b).

On ne peut se fier à l'estimation du taux d'amortissement du premier mode, car il n'est pas stable selon l'ordre du système considéré pour le calcul et parce que la valeur estimée lors du premier passage diffère énormément de celle estimée lors du deuxième passage du train. Par contre, on sait que le premier mode est très amorti. La valeur de 40 % semble plus stable lors du 2e passage du train pour des ordres variant entre 26 et 30.

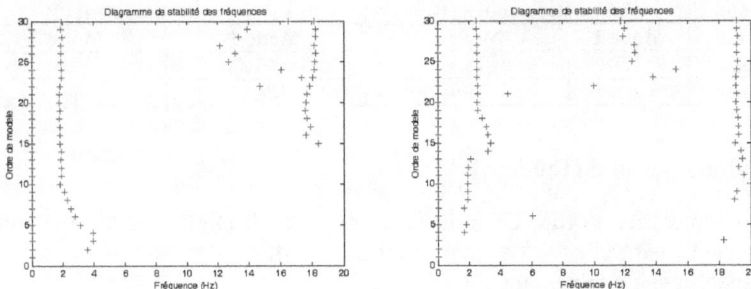

Fig 6 a,b. Diagramme de stabilité des fréquences par LSCE de deux réponses.

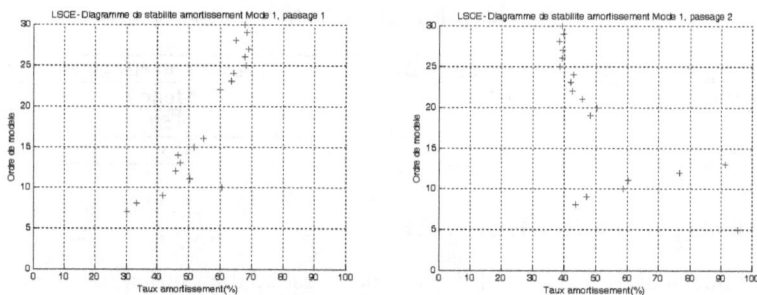

Fig 7 a,b. Diagramme de stabilité du taux d'amortissement du mode 1 par LSCE.

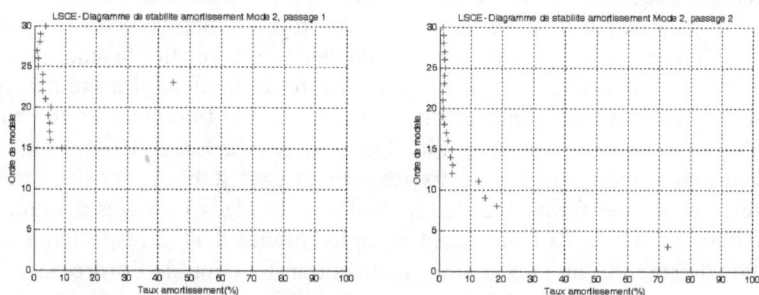

Fig 8a,b. Diagramme de stabilité du taux d'amortissement du mode 2 par LSCE.

Les taux d'amortissement estimés pour le 2e mode sont plus fiables, car plus stables et plus répétitifs. On peut estimer celui-ci proche de 1.1% car le signal est plus stable lors du 2e passage du train (figure 8-b). Le tableau 2 résume les résultats obtenus.

Tableau 2. Résultats identifiés par méthode LSCE.

Passage	Fréquence propre (Hz)		Taux d'amortissement (%)	
de train	Mode 1	Mode 2	Mode 1	Mode 2
Passage 1	1.9	18.1	67	3.5
Passage 2	2.5	19.1	39	1.1

Résultats par la méthode ARMA

On a fait varier l'ordre de modèle entre 6 et 30 (figure 9a,b). Les deux fréquences naturelles deviennent stables pour des ordres supérieurs à 12 et se répètent selon le passage du train.

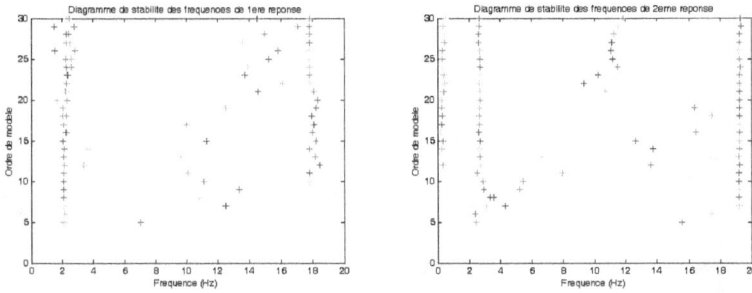

Fig 9a,b. Diagramme de stabilité des fréquences par ARMA de deux réponses.

Les figures 10a,b et 11a,b montrent pour les modes 1 et 2 respectivement, l'étude de stabilité du taux d'amortissement en fonction de l'ordre pour les deux passages du train. L'amortissement diffère de trop pour être jugé valide, mais est plus stable qu'avec la méthode LSCE. On ne peut se fier à l'estimation du taux d'amortissement du premier mode, car il n'est pas stable selon l'ordre du système considéré pour le calcul et parce que la valeur estimée lors du premier passage diffère énormément de celle estimée lors du deuxième passage du train. Par contre, on sait que le premier mode est très amorti et son ordre de grandeur se situe entre 41 et 54 %.

Les taux d'amortissement estimés pour le 2e mode sont plus fiables, car plus stables et plus répétitifs. On peut estimer celui-ci entre 0.5 et 1 %. Le tableau 3 résume les résultats obtenus.

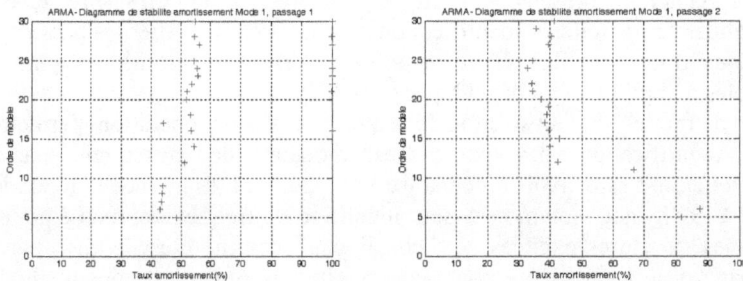

Fig 10a,b. Diagramme de stabilité du taux d'amortissement du mode 1 par ARMA.

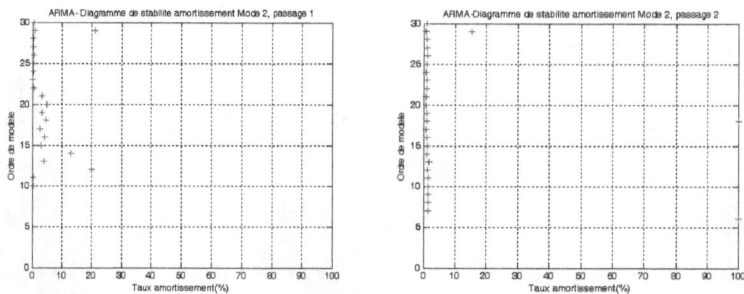

Fig 11a,b. Diagramme de stabilité du taux d'amortissement du mode 2 par ARMA.

Les résultats du tableau 3 montrent que les fréquences se répètent pour les deux passages du train. On peut là encore constater que le premier mode est très amorti alors que le 2e mode est plus faiblement amorti.

Tableau 3. Résultats identifiés par méthode ARMA.

Passage de train	Fréquence propre (Hz)		Taux d'amortissement (%)	
	Mode 1	Mode 2	Mode 1	Mode 2
Passage 1	2.3	17.8	54	0.5
Passage 2	2.6	19.3	41	1.0

CONCLUSIONS

Cette recherche présente une étude comparative de l'efficacité de trois méthodes temporelles d'identification modale pour identifier les paramètres modaux d'un pont ferroviaire métallique. Les trois algorithmes sont très simples à appliquer et à développer dans Matlab.

Les méthodes d'analyse modale expérimentale en opération permettent une identification des paramètres modaux de structures excitées naturellement sans avoir à connaître l'excitation. Ces méthodes répondent bien à l'exigence, notamment pour identifier les fréquences, même pour de grandes structures excitées de façon linéaire comme c'est le cas pour un passage d'un train sur un pont. Pour vérifier la répétitivité des méthodes, les vibrations transitoires ont été analysées pour deux passages d'un train. Un seul capteur positionné à mi-travée a été utilisé.

A cause des fréquences basses de vibration et du haut taux d'amortissement de la structure, notamment dans premier mode, la méthode de puissance spectrale n'a pu identifier clairement que la première fréquence et n'a pas donné de bons résultats pour l'identification de l'amortissement. L'ordre de grandeur de l'amortissement du premier mode a été estimé entre 36 et 57 %. Les méthodes LSCE et ARMA ont permis d'identifier clairement deux fréquences naturelles. Ces méthodes n'ont pu identifier clairement l'amortissement, mais seulement son ordre de grandeur. Pour le premier mode, la fréquence trouvée par LSCE a varié entre 1.9 Hz et 2.5 Hz avec un taux d'amortissement proche de 39 %. La méthode ARMA s'est avérée plus stable que LSCE, notamment pour l'identification de l'amortissement, avec une fréquence qui varie de 2.3 Hz à 2.6 Hz et des taux variant entre 41 % et 54 %. Pour le deuxième mode, la fréquence a varié entre 17.8 Hz et 19.3 Hz avec un taux d'amortissement variant entre 0.5 % à 1.1 %. Le deuxième mode est plus faiblement amorti. Cet essai a été réalisé dans des conditions réelles d'opération sur une structure très grande avec tous les bruits et difficultés inhérentes. Aussi, les résultats ont été jugés très acceptables, notamment en ce qui concerne les méthodes LSCE et ARMA.

REMERCIEMENTS

Cette étude a été réalisée avec le support en équipements et en enregistrement des données du Département de pont et tunnel de l'école supérieure de transport et de communication de Hanoi, qui est fortement remerciée pour son aide.

RÉFÉRENCES

1. N.M.M Maia, J.M.M Silva. *Modal analysis identification techniques*. Royal society. No359-2001. pp 29-40.
2. J.Piranda. *Analyse modale expérimentale*. Techniques de l'ingénieur, traité Mesures et Contrôle. R 6 180. 29 pages.
3. Ewins, D.J., 2000. *Modal Testing: Theory and Practice*. Second edition. Research Studies Press, Hertfordshire, UK. pp 287-359.
4. Thomas M. et Laville F., Juin 2005, *Simulation des vibrations mécaniques par Matlab, Simulink et Ansys*, Éditions ÉTS, ISBN 2-921145-52-9, 702 pages.
5. Brown, D.L.,Allemang, R.J., Zimmerman,R. & Mergeay, M. 1979. *Parameter estimation techniques for modal analysis*. SAE Technical paper 790221.
6. Nuno M.M Maia, Julio M.M Silva. *Theoretical and Experimental Modal Analysis*. John Wiley and son Inc. 1997. pp 185-264.
7. Gersch W., *Estimation of the autoresressive parameters of a mixed autoregressive moving-average time series*, IEEE Trans. automat. contr. (Short Papers), VOI. AC- 15, pp. 583-588, Oct. 1970.
8. Smail M., Thomas M. and Lakis A.. *Assessment of optimal ARMA model orders for modal analysis*. Mechanical Systems and Signal Processing, 1999 13(5): pp 803-819.

LOGICIEL MODALAR

Mode d'utilisation du logiciel MODALAR

Le programme consiste à réaliser une analyse modale expérimentale sur un système dynamique linéaire stationnaire. Pour un système à plusieurs canaux de mesure simultanée des réponses vibratoires (accéléromètres), un modèle autorégressive (AR) multiple est utilisé. Les paramètres du modèle sont identifiés par la méthode des moindres carrés via le calcul de la décomposition QR et le résultat met successivement à jour l'identification des paramètres modaux lorsqu'on fait augmenter l'ordre du système. L'évolution du rapport signal/bruit nous permet de trouver un ordre minimal du modèle et on peut estimer le taux de bruit. Les paramètres modaux comprenant les fréquences naturelles, les taux d'amortissement et les modes sont identifiés avec leurs intervalles de confiance et sont illustrés dans des diagrammes de stabilité. L'évolution des DMSN sert à classifier les modes et identifier les modes physiques des modes parasites. À partir des modes structuraux identifiés, les spectres du signal dé-bruité sont aussi construits.

La plate-forme principale du logiciel est montrée comme sur la Fig. 1. Il est divisé en 6 étapes de calcul.

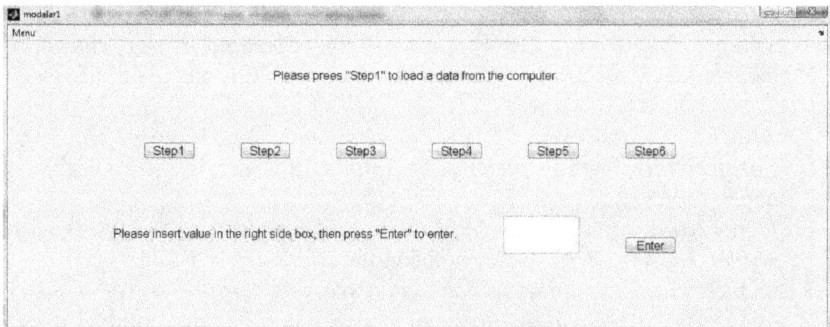

Figure 1. MODALAR plate-forme.

Étape 1: TÉLÉCHARGEMENT DES DONNÉES

Le ficher des données doit être une extension **.mat** où la variable des données (des réponses temporelles des canaux seulement) est une matrice

(Nxd) où N est le nombre d'échantillons et d le nombre de canaux (Fig. 1). Si l'utilisateur a comme première colonne, l'échantillonnage temporel, il faut l'enlever avant de procéder.

Exemple :

$$data = \begin{bmatrix} \overset{canal\,1}{0.142} & \overset{canal\,2}{0.153} & \overset{...}{...} & \overset{canal\,d}{0.210} \\ 0.240 & 0.245 & ... & 0.301 \\ \vdots & \vdots & ... & \vdots \\ \vdots & \vdots & ... & \vdots \\ 0.402 & 1.304 & ... & 2.012 \end{bmatrix} \Big\} N$$

Il faut ensuite introduire la fréquence d'échantillonnage dans la boîte et appuyer sur Enter. Le logiciel va tracer les réponses sur un graphique.

Étape 2: AJOUT DES BRUITS GAUSSIEN BLANCS

Dans l'étape 2, l'usager peut ajouter des taux de bruit blanc (pour fin de simulation de l'efficacité de la méthode selon le niveau de bruit). Insérez le taux de bruit dans la boîte et appuyez sur Enter. Le logiciel va tracer les réponses bruitées sur un graphique (Fig. 2).

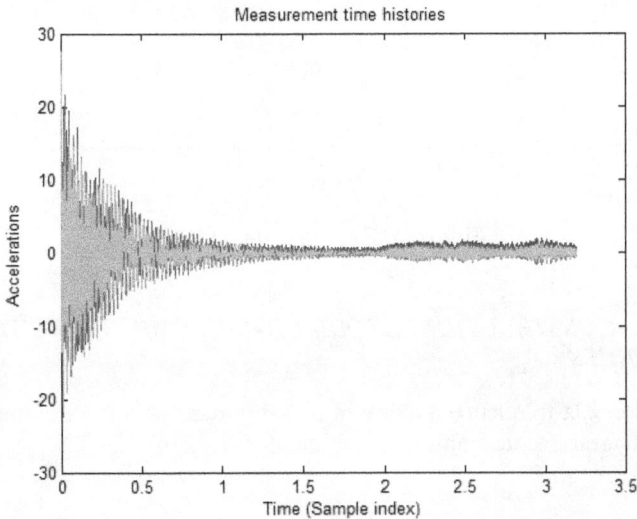

Figure 2. Affichage du signal.

Étape 3: SÉLECTION DE L'ORDRE DU MODÈLE

Après avoir inséré la valeur de l'ordre minimum et maximum examinés, le logiciel va tracer l'évolution de NOF avec lequel l'usager peut trouver une valeur de l'ordre minimum (Fig. 3). L'usager se verra demandé d'insérer cet ordre minimum dans la boîte d'entrée et d'appuyer sur Enter pour continuer. Si la sélection de l'ordre minimum n'est pas évidente, l'usager peut augmenter l'ordre maximum et refaire l'étape 3 à nouveau.

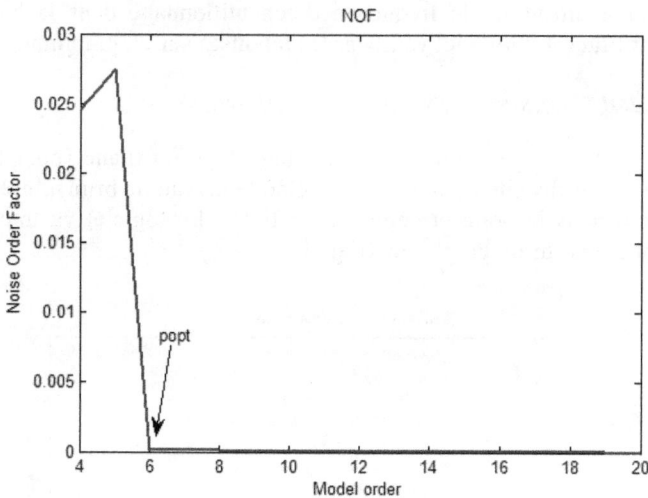

Figure 3. Exemple de NOF.

Étape 4: CONSTRUCTION LE DIAGRAMME DE STABILITÉ DES FRÉQUENCES

Il faut insérez la fréquence maximum d'intérêt dans la boîte. Le logiciel va tracer le diagramme de stabilité des fréquences (Fig. 4).

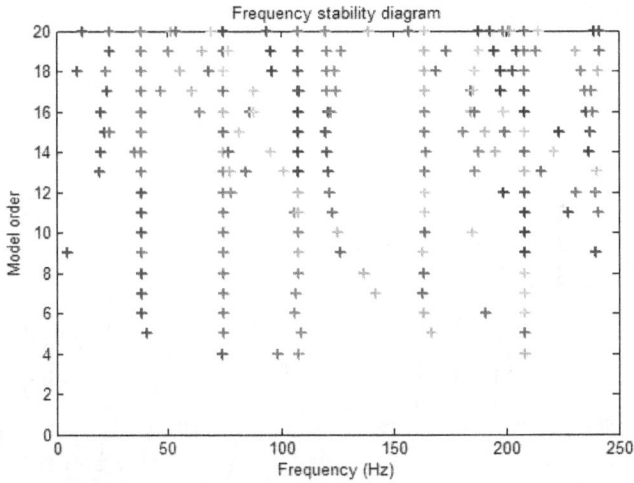

Figure 4. Exemple de stabilité des fréquences.

Étape 5: CONSTRUCTION DU SPECTRE

Il suffit à ce moment d'identifier les modes réels stables parmi le nombre élevé des modes calculés. Le logiciel va tracer le DMSN et les taux d'amortissement de tous les modes après activation de l'étape 5. L'usager détecte le nombre des modes réels sur le DMSN en considérant les taux d'amortissement (Fig. 5).

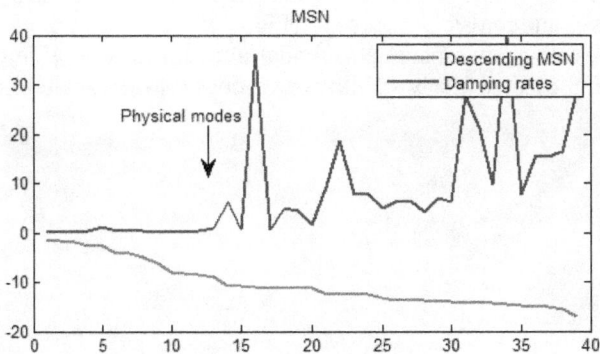

Figure 5. Exemple de DMSN.

Il est demandé à l'usager d'insérer ce nombre de modes réels dans la boîte d'entrée et d'appuyer sur Enter. Le logiciel va dessiner le spectre des fréquences non bruitées (Fig. 6).

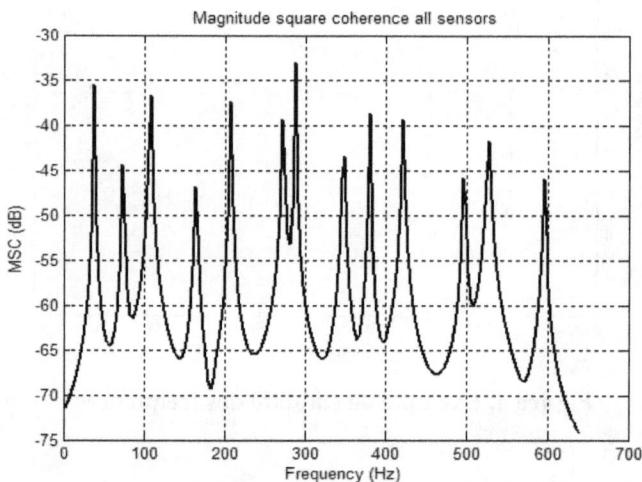

Figure 6. Exemple de spectre.

Étape 6: CONSTRUCTION DES INTERVALLES DE CONFIDENCE

Il est demandé à l'usager de choisir pour combien de fréquences il veut observer l'intervalle de confiance. Il doit insérer ce nombre et appuyer sur Enter. Il sera demandé de choisir les pics de ces fréquences dans le spectre, l'un après l'autre avec le curseur (Fig. 7). Le logiciel va tracer les diagrammes de chaque paramètre modal avec un intervalle de confidence de 95% (Fig. 8) ainsi que la stabilité des modes (OMAC) selon l'ordre (Fig. 9).

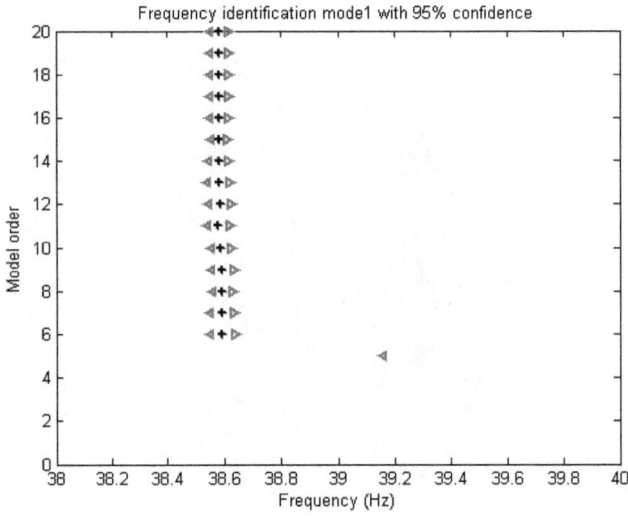

Figure 7. Exemple de fréquence avec incertitude.

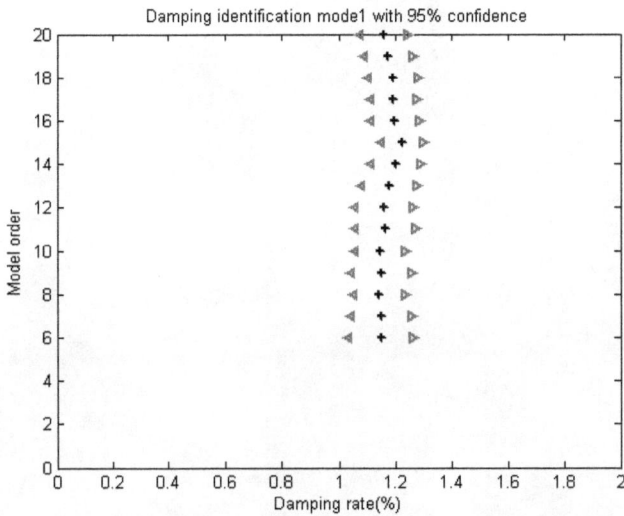

Figure 8. Exemple de taux d'amortissement avec incertitude.

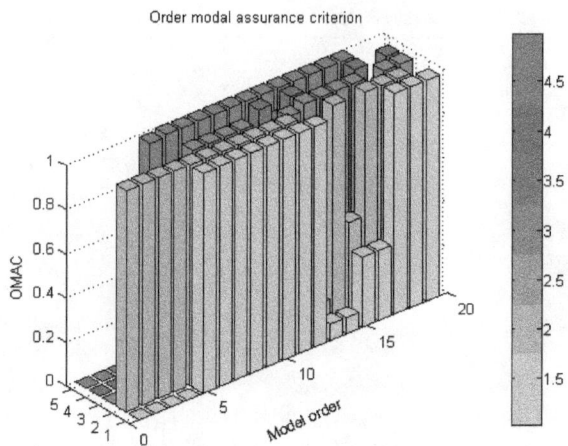

Figure 9. OMAC.

LOGICIEL STAR

Mode d'utilisation du logiciel STAR

Le programme se sert à faire un suivi modal de systèmes dynamiques non-stationnaires. La méthode utilisée est nommée STAR (*Short-time multi-autoregressive updating*). Le principe est de faire glisser une fenêtre au sens de Gabor sur le signal et d'appliquer la méthode AR dans chaque fenêtre. Le résultat est initialisé avec un ordre du modèle faible et le résultat est récursivement mis à jour dans le temps jusqu'à épuisement des données. Entretemps, l'ordre optimal du modèle est aussi progressivement recherché car la méthode peut s'adapter avec le changement de l'ordre. Les fréquences et taux d'amortissement sont montrés dans des diagrammes pour donner un suivi de leur variation dans le temps.

Pour exécuter le programme, simplement à faire marcher le module **Mainfile.m** ou donner la commande **mainfile** dans la fenêtre de commande et suivre les étapes sur l'écran.

Téléchargement des données

Le fichier des données doit être de type **.mat** et comprendre une variable de type matrice Nxd où N est le nombre d'échantillons et d le nombre des canaux (Fig. 1). Le programme demande aussi la période d'échantillonnage en seconde.

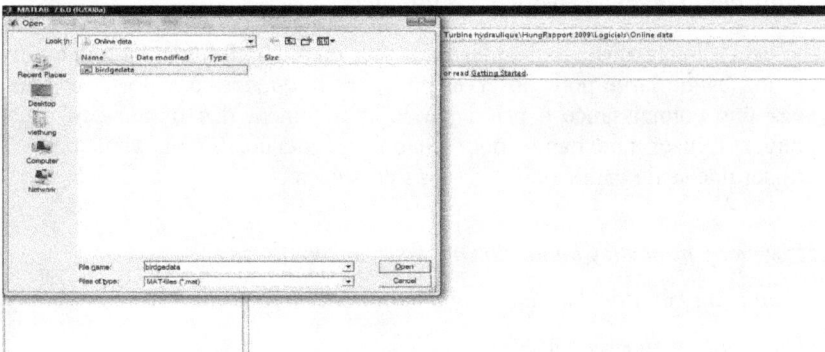

Figure 1. Insérer des données "online".

Insert sampling time in (s), Ts=1/200 for bridge, Ts=1/200

Choix de l'ordre p_0 initial

Le programme va chercher la valeur efficace de l'ordre. Donc on peut donner une valeur initiale quelconque faible.

Insert initial model order, about 4-6, p0=4

Choix de la grandeur des fenêtres N

La longueur des fenêtres est choisie d'au moins 4 fois la plus longue période considérée, afin d'identifier la fréquence la plus basse.

Insert Window length, N=100 for bridge, N=100

Choix du pas d'avancement de la fenêtre glissante

La fenêtre va balayer le signal temporel. Le paramètre 's' dépend du nombre d'échantillons N et de la vitesse de changement des paramètres modaux. On peut choisir une fenêtre égale de 10 à 20% du nombre d'échantillons.

Insert step of overlapping in number of samples, s=20 for bridge, s=20

Choix des bandes de fréquence à afficher

On peut choisir plusieurs bandes pour voir plusieurs fréquences une à une, ou une bande large pour observer plusieurs fréquences à la fois. Si vous avez une connaissance à priori sur le changement des fréquences, vous pouvez utiliser une bande pour chaque fréquence. Sinon, vous pouvez utiliser une seule bande pour tous les fréquences.

How many frequency bands do you want for monitoring?

A band can monitor the change of one or many frequencies but a frequency

should vary inside a band

nfreq=3

Lower bound of frequency 1(Hz) =4

Upper bound of frequency 1(Hz) =10

Lower bound of frequency 2(Hz) =10

Upper bound of frequency 2(Hz) =15

Lower bound of frequency 3(Hz) =25

Upper bound of frequency 3(Hz) =30

Choix de la limite supérieure de l'amortissement à identifier

Parce qu'il y a un grand nombre de fréquences identifiées, la limite du taux d'amortissement permet d'éliminer les fréquences avec un trop fort amortissement.

Insert limite of damping rate (%) to lower cut, get only modes whose damping lower then this limite, ksillimit=10 for bridge, ksillimit=10

Le programme commence alors ses calculs. Les figures suivantes montrent l'évolution des fréquences naturelles et amortissement dans le temps.

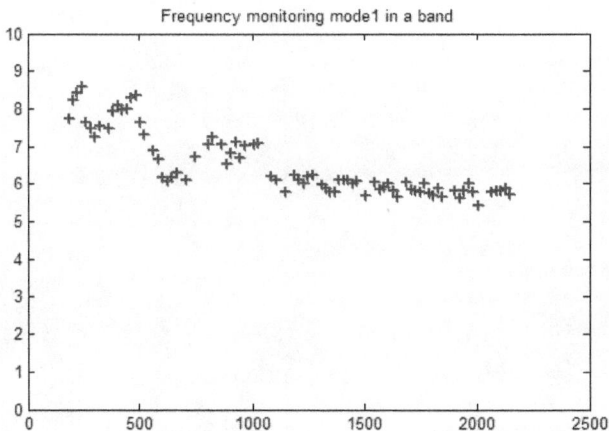

Figure 2. Exemple de suivi de fréquence.

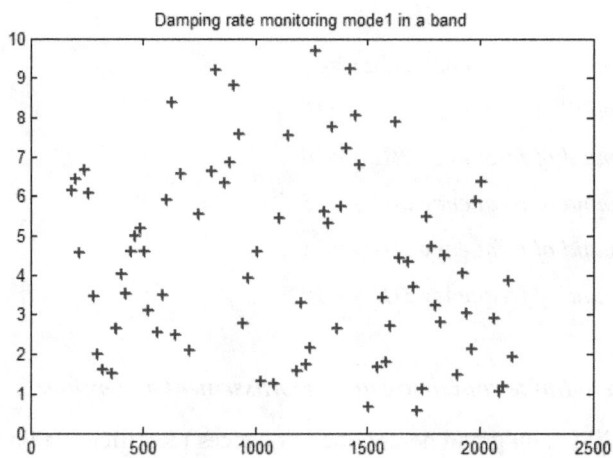

Figure 3. Exemple de suivi de taux d'amortissement.

ANNEXE V

BANC D'ESSAI

Les détails du banc d'essais se trouvent dans les rapports suivants :

- Merlet S., Thomas M., Lakis A. et Marcouiller L. Avril 2006, Conception d'un banc d'essais pour modèles de turbines hydrauliques, rapport technique ETS, 41 pages.
- Ruban T., Vu Viet H., Thomas M., Lakis A. et Marcouiller L. Février 2007. Conception des structures d'essais d'interaction fluide-structure, rapport technique ETS, 49 pages.
- Volta T., Vu Viet H, Thomas M., Lakis A. et Marcouiller L. Février 2007, Conception et réalisation d'un banc d'essai hydrauliques, rapport technique ETS, 56 pages.
- Durocher, A. (2009). Intéraction fluide-structure et influence sur les paramètres modaux. Montréal, Rapport technique, École de technologie supérieure: 87p.

PLANS DU BANC D'ESSAI

REV	DESCRIPTION	PAR	DATE
PRÉ-0	DESSIN PRÉLIMINAIRE INITIAL	A.V.	2007-10-01

ITEM	DESCRIPTION	QTÉ.
1	GRAND RESERVOIR	1
2	GROUPE PLOMBERIE	1
3	PETIT RESERVOIR	1
4	RMEC0151-1	1
5	RMEC0151-2	1
6	RMEC0151-3	1

Université du Québec
École de technologie supérieure
L.I.F.E.

Projet	RMEC0151	
Dessin	BANC INT. FLUIDE STRUCTURE	A
Modèle	RMEC0151	ASSEM
Dessinateur	A. VIGNEAULT	Éch. : 0.020

| Page 1 of 13 | QTÉ | 1 | MTL | ASSEMBLAGE | 2007-10-01 |

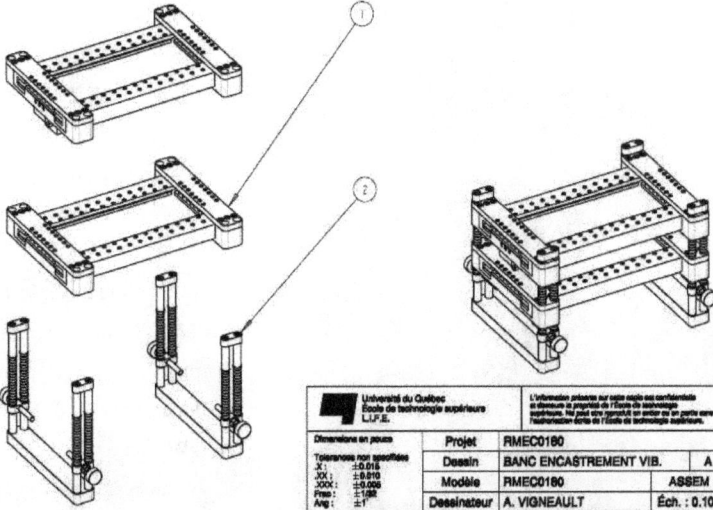

REV	DESCRIPTION	PAR	DATE
PRE 0	DESSIN PRÉLIMINAIRE INITIAL	A.V.	2006-11-14
A	APPROBATION DU PRÉLIMINAIRE	A.V.	2006-12-01

ITEM	DESCRIPTION	QTÉ.
1	RMEC0180-1	2
2	RMEC0180-2	2

Université du Québec
École de technologie supérieure
L.I.F.E.

Dimensions en pouces	Projet	RMEC0180	
Tolérances non spécifiées X: ±0.015 .XX: ±0.010 .XXX: ±0.005 Frac: ±1/68 Ang: ±1°	Dessin	BANC ENCASTREMENT VIB.	A
	Modèle	RMEC0180	ASSEM
	Dessinateur	A. VIGNEAULT	Éch. : 0.100
Page 1 of 14	QTÉ	1	MTL	ASSEMBLAGE	2006-11-14

POMPE SUBMERSIBLE

Fournisseur : AQUATECK

Model : WS7532D4

Hauteur : 28,25''

Largeur : 12,62''

Bride de sortie : 4'' 125PSI Ansi Flange

Débit maximum: 630 GPM

Tête d'eau maximum: 60 pieds

Puissance : 7.5 HP soit 5,6 kW

Voltage : 230 V (3 phases)

Vitesse de rotation : 1750 rpm

Hélice de diamètre : 7.69 in

Maximum amps : 23.0 A

Câble d'alimentation : 10/4

Rendement moteur : 83%

Poids : 225 lbs soit 102 kg

Prix : 3469$

DÉBIMETRE

Fournisseur : Omega

Model : FTB760

Diamètre intérieur : 6'', 152,4mm

Longueur : 18'', 457,2mm

Bride de sortie : 6'' Pvc, 8 troues

Débit: 12-600 GPM,

45 à 4542 L.mn^-L

Pression max : 150 PSI à 75 °F

10 Bars à 24 °C

Température maximum : 120 °F, 50°C

Précision : 1%

Matériaux : PVC

Prix : 1655$ca

AFFICHEUR DU DÉBIMÈTRE

Fournisseur : Omega

Model : DPF701

Caractéristique : afficheur et totaliseur

Dimension : 48*96*152 mm

Largeur : 12,62''

Fréquence max : 30 KHz

Précision : 0,01%

Temps d'affichage : 0,3 s

Voltage : 115 ou 230 Volts ac

Poids : 454g, 16oz

Prix : 356$ca

LISTE DE RÉFÉRENCES BIBLIOGRAPHIQUES

[1] Abdel Wahab M. M. and G. De Roeck (1999). "*An effective method for selecting physical modes by vector autoregressive models.*" Mechanical Systems and Signal Processing **13**: 449-474.

[2] Akaike H. (1969). "*Power spectrum estimation through autoregressive model fitting.*" Annals of the Institute of Statistical Mathematics **21**(1): 407-419.

[3] Albijanic R., M. Marjanovic, B. Ignjatovic, V. Boskovic and E. Advic (1990). "*Modal analysis in the dynamic identification of vital hydro unit components*". 15th IAHR Symposium on Modern Technology in Hydraulic Energy Production, Belgrade, Yugoslavia, A3.

[4] Allemang R. J. (1999). *Vibrations: Experimental Modal Analysis*. Course Notes, Structural Dynamics Research Laboratory, University of Cincinnati.

[5] Allemang R. J. and D. L. Brown (1982). "*A correlation coefficient for modal vector analysis*". Proceedings of the First International Modal Analysis Conference, Orlando, 110-116.

[6] Andersen P. (1997). *Identification of Civil Engineering Structures using Vector ARMA Models*. Aalborg, Aalborg University. **Ph.D**: 244.

[7] Axisa F. (2001). *Modélisation des systèmes mécaniques*. Paris, Hermès Science Publications,411.

[8] Basseville M. (1988). "*Detecting changes in signals and systems: a survey.*" Automatica **24**(3): 309-326.

[9] Basseville M., A. Benveniste, B. Gach-Devauchelle, M. Goursat, D. Bonnecase, P. Dorey, M. Prevosto and M. Olagnon (1993). "*In situ damage monitoring in vibration mechanics: diagnostics and predictive maintenance.*" Mechanical Systems and Signal Processing **7**(5): 401-423.

[10] Bellizzi S., P. Guillemain and R. Kronland-Martinet (2001). "*Identification of coupled non-linear modes from free vibrations using time-frequency representations.*" Journal of Sound and Vibration **243**(2): 191-213.

[11] Bennis S. and M. Massoud (1989). *Estimation of dynamic parameters of a viscoelastic system using AR flow time series*. Montréal, École de technologie supérieure,7p.

[12] Bjorck A. (1996). *Numerical Methods for Least Squares Problems*. Philadelphia, PA, Society for Industrial and Applied Mathematics,408.

[13] Bodeux J. B. and J. C. Golinval (2001). *Application of ARMAV models to the identification and damage detection of mechanical and civil engineering structures*. Smart Materials and Structures, Institute of Physics Publishing. **10**: 479-489.

[14] Box G. E. P. and G. M. Jenkins (1970). *Time series analysis: Forecasting and control*. San Francisco, Holden-Day,575.

[15] Brown D. L., R. J. Allemang, R. D. Zimmerman and M. Mergeay (1979). "*Parameter Estimation Techniques for Modal Analysis*." SAE Transactions **88**: 828-846.

[16] Cao J. M. and C. L. Chen (2002). "*Analysis of abnormal vibration of a large Francis-turbine runner and cracking of the blades*." Journal of Southwest Jiaotong University **37**: 68–72.

[17] Capecchi D. (1989). "*Difference models for identification of mechanical linear systems in dynamics*." Mechanical Systems and Signal Processing **3**(2): 157-172.

[18] Christini D. J., A. Kulkarni, S. Rao, E. R. Stutman, F. M. Bennett, J. M. Hausdorff, N. Oriol, and K. R. Lutchen (1993). "*Uncertainty of AR spectral estimates*". 1993 Comp. in Cardiol. Conf., Los Alamitos, CA, IEEE Computer Society Press, 451–454.

[19] Cipra B. A. (2000). "*The Best of the 20th Century: Editors Name Top 10 Algorithms*." SIAM News **33**(4): 1-2.

[20] Du J. B., S. J. He and X. C. Wang (1998). "*Dynamic analysis of hydraulic turbine runner and balde system (II)—analysis of examples*." Journal of Tsinghua University (Sci & Tech) **38**: 72–75.

[21] Dubas M. and M. Schuch (1987). "*Static and dynamic calculation of a Francis turbine runner with some remarks on accuracy*." Computers & Structures **27**(5): 645-655.

227

[22] Durocher A. (2009). *Intéraction fluide-structure et influence sur les paramètres modaux*. École de technologie supérieure, Montréal, Rapport technique: 87p.

[23] Esmailzadeh M., A. A. Lakis, M. Thomas and L. Marcouiller (2008). "*Three-dimensional modeling of curved structures containing and/or submerged in fluid*." Finite Elements in Analysis and Design **44**(6-7): 334-345.

[24] Esmailzadeh M., A. A. Lakis, M. Thomas and L. Marcouiller (2009). "*Prediction of the response of a thin structure subjected to a turbulent boundary-layer-induced random pressure field*." Journal of Sound and Vibration **328**(1-2): 109-128.

[25] Ewins D. J. (2000). *Modal testing : theory, practice, and application*. Baldock, Hertfordshire, England ; Philadelphia, PA, Research Studies Press,xiii, 562.

[26] Fassois S. D. (2001). *Parametric identification of vibrating structures*. Encyclopedia of Vibration. D. J. E. a. S. S. R. S.G. Braun. N. York, Acad. Press: 673-685.

[27] Fouskitakis G. N. and S. D. Fassois (2001). "*On the Estimation of Nonstationary Functional Series TARMA Models: An Isomorphic Matrix Algebra Based Method*." Journal of Dynamic Systems, Measurement, and Control **123**(4): 601-610.

[28] Gabor D. (1946). "*Theory of Communication*." J. IEEE (London) **93**: 429-457.

[29] Gagnon M., S. A. Tahan, A. Coutu and M. Thomas (2006). "*Operational modal analysis with harmonic excitations: application to a hydraulic turbine*". 24th Seminar on machinery vibration, Montreal, Canadian Machinery Vibration Association, 320-329.

[30] Gersch W. (1970). "*Estimation of the autoresressive parameters of a mixed autoregressive moving-average time series*." IEEE Trans. automat. contr. **AC-15**: 583-588.

[31] Golub G. and C. Van Loan (1996). *Matrix computations*. London, The Johns Hopkins University Press,694.

[32] Gonthier F., M. Smail and P. E. Gauthier (1993). "*A time domain method for identification of dynamic parameters of structures.*" Mechanical systems and signal processing **7**(1): 45-56.

[33] Haddara M. R. and S. Cao (1996). "*A study of the dynamic response of submerged rectangular flat plates.*" Marine Structures **9**(10): 913-933.

[34] Hammond J. K. and P. R. White (1996). "*The analysis of non-stationary signals using time-frequency methods.*" Journal of Sound and Vibration **190**(3): 419-447.

[35] Hannan E. J. (1980). "*The estimation of the order of an ARMA process.*" The Annals of Statistics **8**(5): 1071-1081.

[36] He X. and G. De Roeck (1997). "*System identification of mechanical structures by a high-order multivariate autoregressive model.*" Computers & Structures **64**(1-4): 341-351.

[37] Hermans L. and H. Van Der Auweraer (1999). "*Modal testing and analysis of structures under operational conditions: Industrial applications.*" Mechanical Systems and Signal Processing **13**: 193-216.

[38] Hsia T. (1976). "*On least squares algorithms for system parameter identification.*" Automatic Control, IEEE Transactions on **21**(1): 104-108.

[39] Huang C. S. (2001). "*Structural identification from ambient vibration measurement using the multivariate AR model.*" Journal of Sound and Vibration **241**(3): 337-359.

[40] Huang C. S. and H. L. Lin (2001). "*Modal identification of structures from ambient vibration, free vibration, and seismic response data via a subspace approach.*" Earthquake Engineering & Structural Dynamics **30**(12): 1857-1878.

[41] Ibrahim S. R. (1978). "*Modal confidence factor in vibration testing.*" Journal of spacecraft and rockets **15**(5): 313-316.

[42] Ibrahim S. R. and E. C. Mikulcik (1977). "*Method for the direct identification of vibration parameters from the free response.*" Shock and Vibration Bulletin(47): 197.

[43] Jacobsen N. J., P. Andersen and R. Brincker (2007). "*Using Enhanced Frequency Domain Decomposition as a Robust Technique to handle*

Deterministic Excitation in Operational Modal Analysis". International operational modal analysis conference, Copenhagen, Denmark, 193-200.

[44] Juang J.-N. and R. S. Pappa (1985). "*An eigensystem realization algorithm for modal parameter identification and model reduction.*" Journal of Guidance, Control, and Dynamics **8**(5): 620-627.

[45] Kadakal U. and Ö. Yüzügüllü (1996). "*A comparative study on the identification methods for the autoregressive modelling from the ambient vibration records.*" Soil Dynamics and Earthquake Engineering **15**(1): 45-49.

[46] Kashyap R. L. (1980). "*Inconsistency of the AIC Rule for estimating the order of autoregressive Models.*" IEEE Transactions on Automatic Control **AC-25**: 996-998.

[47] Kerboua Y., A. Lakis, M. Thomas and L. Marcouiller (2008). "*Computational modeling of coupled fluid-structure systems with applications.*" Structural Engineering and Mechanics **29**(1): 91-111.

[48] Kerboua Y., A. A. Lakis, M. Thomas and L. Marcouiller (2008). "*Vibration analysis of rectangular plates coupled with fluid.*" Applied Mathematical Modelling **32**(12): 2570-2586.

[49] Kim K. J., K. F. Eman and S. M. Wu (1984). "*Identification of natural frequencies and damping ratios of machine tool structures by the dynamic data system approach.*" International Journal of Machine Tool Design and Research **24**(3): 161-169.

[50] Kumazawa (1994). *Method of producing noise free frequency spectrum signals.* Japan, Jeol Ltd,5295086.

[51] Kwak M. K. and K. C. Kim (1991). "*Axisymmetric vibration of circular plates in contact with fluid.*" Journal of Sound and Vibration **146**(3): 381-389.

[52] Lakis A. A. and M. P. Païdoussis (1972). "*Prediction of the response of a cylindrical shell to arbitrary or boundary-layer-induced random pressure fields.*" Journal of Sound and Vibration **25**(1): 1-27.

[53] Larbi N. and J. Lardies (2000). "*Experimental modal analysis of a structure excited by a random force.*" Mechanical Systems and Signal Processing **14**: 181-192.

[54] Lardies J. (1997). "*Modal parameter identification from output-only measurements.*" Mechanics Research Communications **24**(5): 521-528.

[55] Lardies J. and N. Larbi (2001). "*A new method for model order selection and modal parameter estimation in time domain.*" Journal of Sound and Vibration **245**(2): 187-203.

[56] Li C. S., W. J. Ko, H. T. Lin and R. J. Shyu (1993). "*Vector Autoregressive Modal Analysis With Application To Ship Structures.*" Journal of Sound and Vibration **167**(1): 1-15.

[57] Li J., Z. Liu, M. Thomas and J. L. Fihey (2007). "*Dynamic Analysis of a Planar Manipulator with Flexible Joints and Links*". Fifth International Conf. on Industrial Automation, Montreal, 4p.

[58] Liang G., D. M. Wilkes and J. A. Cadzow (1993). "*ARMA Model Order Estimation Based on the Eigenvalues of Covariance Matrix.*" IEEE Transactions on Signal Processing **41**(10): 3003-3009.

[59] Linndholm U. S., D. D. Kana, W. H. Chu and H. N. Abramson (1965). "*Elastic vibration characteristics of cantilever plates in water.*" Journal of ship research **9**: 11-22.

[60] Ljung L. (1999). *System identification : theory for the user.* Upper Saddle River, NJ, Prentice Hall PTR,xxii, 609.

[61] Lussier A. (1998). *Vibrations libres d'une struture élastique dans un fluide lourd.* Sherbrooke, Université de Sherbrooke. **Master:** 94p.

[62] Lutkepohl H. (1993). *Introduction to Multiple Time Series Analysis.* Berlin, Springer-Verlag,454.

[63] Mace B. R., K. Worden and G. Manson (2005). "*Uncertainty in structural dynamics.*" Journal of Sound and Vibration **288**(3): 423-429.

[64] Magalhães F., Á. Cunha and E. Caetano (2009). "*Online automatic identification of the modal parameters of a long span arch bridge.*" Mechanical Systems and Signal Processing **23**(2): 316-329.

[65] Mahon M. P., L. H. Sibul and H. M. Valenzuela (1993). "*A sliding window update for the basis matrix of the QR decomposition.*" Signal Processing, IEEE Transactions on **41**(5): 1951-1953.

[66] Maia N. M. M. and J. M. M. Silva (2001). "*Modal analysis identification techniques.*" Royal society **359**: 29-40.

[67] Marple S. L. (1986). *Digital spectral analysis: with applications*, Prentice-Hall, Inc.,512p.

[68] McWhorter T. and L. L. Scharf (1993). "*Cramer-Rao bounds for deterministic modal analysis.*" Signal Processing, IEEE Transactions on **41**(5): 1847-1866.

[69] Mohanty P. and D. J. Rixen (2004). "*A modified Ibrahim time domain algorithm for operational modal analysis including harmonic excitation.*" Journal of Sound and Vibration **275**(1-2): 375-390.

[70] Mohanty P. and D. J. Rixen (2004). "*Modified SSTD method to account for harmonic excitations during operational modal analysis.*" Mechanism and Machine Theory **39**(12): 1247-1255.

[71] Mohanty P. and D. J. Rixen (2004). "*Operational modal analysis in the presence of harmonic excitation.*" Journal of Sound and Vibration **270**: 93-109.

[72] Muthuveerappan G. G., N.; Veluswami, M. A. (1980). "*Influence of fluid added mass on the vibration characteristics of plates under various boundary conditions.*" Journal of Sound and Vibration **69**(4): 612-615.

[73] Neumaier A. and T. Schneider (2001). "*Estimation of parameters and eigenmodes of multivariate autoregressive models.*" ACM Trans. Math. Softw. **27**(1): 27-57.

[74] Oehlmann H., D. Brie, M. Tomczak and A. Richard (1997). "*A method for analyzing gearbox faults using time-frequency representations.*" Mechanical Systems and Signal Processing **11**(4): 529-545.

[75] Owen J. S., B. J. Eccles, B. S. Choo and M. A. Woodings (2001). "*The application of auto-regressive time series modelling for the time-frequency analysis of civil engineering structures.*" Engineering Structures **23**(5): 521-536.

[76] Pandit S. M. (1991). *Modal and spectrum analysis: data dependent systems in state space*. New York, N.Y., J. Wiley and Sons,415.

[77] Paulsen J. and D. Tjostheim (1985). "*On the estimation of residual variance and order in autoregressive time series*." J. Roy. Statist. Soc. **B 47**: 216-228.

[78] Peeters B. (2000). *System identification and damage detection in civil engineering*. Leuven, Belgium, K.U Leuven. **Ph.D:** 256p.

[79] Peeters B., J. Lau, J. Lanslots and H. Van Der Auweraer (2008). *Automatic Modal Analysis – Myth or Reality?* Sound and Vibration. **3:** 17-21.

[80] Petsounis K. A. and S. D. Fassois (2000). "*Non-stationary functional series TARMA vibration modelling and analysis in a planar manipulator*." Journal of Sound and Vibration **231**(5): 1355-1376.

[81] Pintelon R., P. Guillaume and J. Schoukens (2007). "*Uncertainty calculation in (operational) modal analysis*." Mechanical Systems and Signal Processing **21**(6): 2359-2373.

[82] Poulimenos A. G. and S. D. Fassois (2004). "*Non stationary vibration modelling and analysis via functional series TARMA models*". 5th International conference on acoustical and vibratory surveillance methods and diagnostic techniques, Senlis, Fr, 10.

[83] Poulimenos A. G. and S. D. Fassois (2006). "*Parametric time-domain methods for non-stationary random vibration modelling and analysis -- A critical survey and comparison*." Mechanical Systems and Signal Processing **20**(4): 763-816.

[84] Quirk M. and B. Liu (1983). "*Improving resolution for autoregressive spectral estimation by decimation*." Acoustics, Speech, and Signal Processing [see also IEEE Transactions on Signal Processing], IEEE Transactions on **31**(3): 630-637.

[85] Rissanen J. (1978). "*Modeling By Shortest Data Description*." Automatica **14**: 465-471.

[86] Rodriguez C. G., E. Egusquiza, X. Escaler, Q. W. Liang and F. Avellan (2006). "*Experimental investigation of added mass effects on a*

Francis turbine runner in still water." Journal of Fluids and Structures **22**(5): 699-712.

[87] Ruzzene M., A. Fasana, L. Galibaldi and B. Piombo (1997). "*Natural frequencies and dampings identification using wavelet transform: Application to real data.*" Mechanical Systems and Signal Processing **11**: 207–218.

[88] Safizadeh M. S., A. A. Lakis and M. Thomas (2000). "*Using Short Time Fourier Transform in Machinery Fault Diagnosis.*" International Jour. of Condition Monitoring and Diagnosis Engineering Management **3**(1): 5-16.

[89] Sayed A. H. and T. Kailath (1994). "*A state-space approach to adaptive RLS filtering.*" Signal Processing Magazine, IEEE **11**(3): 18-60.

[90] Selmane A. and A. A. Lakis (1997). "*Vibration analysis of anisotropic open cylindrical shells subjected to a flowing fluid.*" Journal of Fluids and Structures **11**(1): 111-134.

[91] Sinha J. K., S. Singh and A. Rama Rao (2003). "*Added mass and damping of submerged perforated plates.*" Journal of Sound and Vibration **260**(3): 549-564.

[92] Sinha N. K. and B. Kuszta (1983). *Modeling and identification of dynamic systems*. New York, N.Y., Van Nostrand Reinhold,xi, 334.

[93] Smail M., M. Thomas and A. Lakis (1999). "*ARMA models for modal analysis: Effect of model orders and sampling frequency.*" Mechanical Systems and Signal Processing **13**(6): 925-941.

[94] Smail M., M. Thomas and A. A. Lakis (1999). "*Assessment of optimal ARMA model orders for modal analysis.*" Mechanical Systems and Signal Processing **13**: 803-819.

[95] Smail M., M. Thomas and A. A. Lakis (1999). *Detection of rotor cracks with ARMA (in French)*. 3rd Industrial Automation International conference. Montreal, Canada: 21.21-21.24.

[96] Smail M., M. Thomas and A. A. Lakis (1999). "*Use of ARMA model for detecting cracks in rotors (in french)*". Proceedings of the 3rd Industrial Automation International conference AIAI, Montreal, 21.21-21.24.

[97] Stoica P. and T. Soderstrom (1983). "*Optimal instrumental variable estimation and approximate implementations.*" IEEE Transactions on Automatic Control **28**(7): 757-772.

[98] Strobach P. and D. Goryn (1993). "*A computation of the sliding window recursive QR decomposition*". Acoustics, Speech, and Signal Processing, 1993. ICASSP-93., 1993 IEEE International Conference on, 29-32 vol.24.

[99] Tanaka H. (1990). "*Vibration behaviour and dynamic stresses of runners of very high head reversible pump-turbines*". 15th IAHR Symposium on Modern Technology in Hydraulic Energy Production, Belgrade, Yugoslavia, U2.

[100] Thomas M., K. Abassi, A. A. Lakis and L. Marcouiller (2005). "*Operational modal analysis of a structure subjected to a turbulent flow*". 23rd Seminar on machinery vibration, Edmonton, AB, Canadian Machinery Vibration Association, 10p.

[101] Uhl T. (2005). "*Identification of modal parameters for non-stationary mechanical systems.*" In: Arch. Appl. Mech. **74**: 878-889.

[102] Vaataja H., R. Suoranta and S. Rantala (1994). *Coherence analysis of multichannel time series applying conditioned multivariate autoregressive spectra*. Proceedings of the Acoustics, Speech, and Signal Processing,1994. on IEEE International Conference - Volume 04, IEEE Computer Society: 381-384.

[103] Vanlanduit S., P. Verboven, P. Guillaume and J. Schoukens (2003). "*An automatic frequency domain modal parameter estimation algorithm.*" Journal of Sound and Vibration **265**(3): 647-661.

[104] Volta T., V. H. Vu, M. Thomas, A. Lakis and L. Marcouiller (2007). *Conception et réalisation d'un banc d'essai hydrauliques*. École de technologie supérieure, Montréal, Rapport technique: 56p.

[105] Vu V. H., M. Thomas and A. A. Lakis (2006). "*Operational modal analysis in time domain*". 24th Seminar on machinery vibration, Montreal, Canada, Canadian Machinery Vibration Association, 330-343.

[106] Vu V. H., M. Thomas and A. A. Lakis (2007). "*A time domain method for modal identification of vibratory signal*". 1st international

conference on industrial risk engineering CIRI, Montreal, Canada, 202-218.

[107] Vu V. H., M. Thomas, A. A. Lakis and L. Marcouiller (2007). "*Effect of added mass on submerged vibrated plates*". 25th Seminar on machinery vibration, Saint John, NB, Canadian Machinery Vibration Association, 40.41-40.15.

[108] Vu V. H., M. Thomas, A. A. Lakis and L. Marcouiller (2007). "*Identification of modal parameters by experimental operational modal analysis for the assessment of bridge rehabilitation*". International operational modal analysis conference, Copenhagen, Denmark, 133-142.

[109] Vu V. H., M. Thomas, A. A. Lakis and L. Marcouiller (2007). "*Multi-autoregressive model for structural output only modal analysis*". 25th Seminar on machinery vibration, St John, Canada, Canadian Machinery Vibration Association, 41.41-40.20.

[110] Vu V. H., M. Thomas, A. A. Lakis and L. Marcouiller (2009). "*Online monitoring of modal parameters by operating modal analysis and model updating*". Second international conference on industrial risk engineering, Reims, France, 18p.

[111] Vu V. H., M. Thomas, A. A. Lakis and L. Marcouiller (2009). "*Operational modal analysis by short time autoregressive modeling*". 3rd International Conference on Integrity, Reliability & Failure, IRF2009, Porto, Portugal, 16p.

[112] Wasserman D., D. Badger, T. Doyle and L. Margolies (1974). "*Industrial Vibration-An Overview.*" Journal of the American Society of Safety Engineers **19**: 38-43.

[113] Xiao R. F., C. X. Wei, F. Q. Han and S. Q. Zhang (2001). "*Study on dynamic analysis of the Francis turbine runner.*" Journal of Large Electric Machine and Hydraulic Turbine **7**: 41-43.

[114] Zhang Y., Z. Zhang, X. Xu and H. Hua (2005). "*Modal parameter identification using response data only.*" Journal of Sound and Vibration **282**(1-2): 367-380.

[115] Zheng W. X. (2000). "*Autoregressive parameter estimation from noisy data.*" Circuits and Systems II: Analog and Digital Signal Processing, IEEE Transactions on [see also Circuits and Systems II: Express Briefs, IEEE Transactions on] **47**(1): 71-75.

www.ingramcontent.com/pod-product-compliance
Lightning Source LLC
Chambersburg PA
CBHW021034210326
41598CB00016B/1011